高等职业教育土建类专业新形态教材

建筑施工项目管理

第3版

主　编　王　辉　白　蕾

副主编　张　燕　姚　兰　尚　昱

参　编　梁战枝　陈会萍　王炜宽

陈乾浩

机械工业出版社

本书共9个单元，主要包括建设工程施工项目管理概论、施工项目管理组织机构与项目经理责任制、施工项目合同管理、施工项目进度管理、施工项目质量管理、施工项目成本管理、施工项目职业健康安全与环境管理、施工项目资源管理、施工项目收尾管理等内容。

本书依据最新的建设工程项目管理规范，结合注册建造师考试大纲的有关要求，同时针对建筑类职业教育的特点而编写，内容力求言简意赅，便于读者接受和掌握。每个单元均配有实训练习题，便于学生课后练习。

本书可用作高等职业院校土建施工类和建设工程管理类专业的教学用书，也可作为建筑工程施工管理人员、监理人员等的学习参考书。

图书在版编目（CIP）数据

建筑施工项目管理/王辉，白蕾主编．—3版．—北京：机械工业出版社，2023.11

高等职业教育土建类专业新形态教材

ISBN 978-7-111-74196-1

Ⅰ.①建…　Ⅱ.①王…②白…　Ⅲ.①建筑工程—工程施工—项目管理—高等职业教育—教材　Ⅳ.①TU71

中国国家版本馆CIP数据核字（2023）第210155号

机械工业出版社（北京市百万庄大街22号　邮政编码100037）
策划编辑：常金锋　责任编辑：常金锋　陈将浪
责任校对：陈　越　封面设计：王　旭
责任印制：郜　敏
中煤（北京）印务有限公司印刷
2024年3月第3版第1次印刷
184mm×260mm·11.5印张·261千字
标准书号：ISBN 978-7-111-74196-1
定价：39.00元

电话服务
客服电话：010-88361066
010-88379833
010-68326294

网络服务
机　工　官　网：www.cmpbook.com
机　工　官　博：weibo.com/cmp1952
金　　书　　网：www.golden-book.com
机工教育服务网：www.cmpedu.com

前　言

为全面贯彻落实党的二十大报告中关于“推进职普融通、产教融合、科教融汇，优化职业教育类型定位”的重要论述，编者秉持与时俱进，深化产教融合、校企合作的教材高质量发展观，进一步完善校企合作育人机制，在第2版的基础上对全书的内容组成、配套资源等做了全面的优化升级，使之更适合当前形势下职业院校的教学实际，体现“工学结合，理实一体”的教学理念。

本书特色如下：

1. 强调专业与素养的有效融合

本书采用理论知识与素养目标、素养案例相结合的方式，强调专业与素养的有效融合，培养学生综合职业素养，促进学生形成正确的世界观、人生观、价值观、职业观，保证了专业知识与素养元素的有效融合。

2. 注重培养学生主动学习

本书根据职业院校学生的学习特点，在每个小节的内容前翻转式地以“知识点导入”的方式提出相关知识，让学生能够在课前预习，带着知识上课，使专业课的学习更加有针对性。从课前预习到课上学习，再到每个单元后面的实训练习，使“三位一体”的教学体系得到巩固，搭建了适合师生交流的平台，锻炼了学生的自学能力，提高了学生的学习兴趣。

3. 创新教材信息化呈现形式，多层次构建学生的自主学习能力

本书顺应立体化教材建设需求，立体开发，书中配有微课视频二维码资源，使学生在学习的同时拓展了知识面、开阔了眼界，并增加了学习的趣味性。本书的配套教学资源全面、丰富，并力求做到教材不只是教师的教本，更是学生自学的学本。

本书教学学时建议为30学时，各单元学时分配见下表：

单元	内　容	总学时
单元1	建设工程施工项目管理概论	4
单元2	施工项目管理组织机构与项目经理责任制	4
单元3	施工项目合同管理	4
单元4	施工项目进度管理	4
单元5	施工项目质量管理	4
单元6	施工项目成本管理	4
单元7	施工项目职业健康安全与环境管理	2
单元8	施工项目资源管理	2
单元9	施工项目收尾管理	2
合计		30

由于编者水平有限，书中难免存在不足之处，敬请各位读者批评指正！

编　者

二维码资源列表

本书综合职业素养元素列表

教师可结合下表中的“内容导引”，针对相关的知识点或案例，引导学生进行思考或展开研讨。

单元	内容导引	展开研讨（综合职业素养的内涵）	综合职业素养落脚点	页码
单元 1	知识点导入	1. 项目管理工作都做些什么？ 2. 如何用项目管理的知识提高工作效率？	知识的实际应用，以小见大	1
单元 2	知识点导入	做好团队建设一直是各个企业努力的方向，具体的方法有哪些？	团队意识，团队合作	19
	知识点导入	作为企业的管理人员，如何才能最大程度地发挥每位成员的优势？	团队意识，实战能力	21
单元 3	知识点导入	工程施工过程中如何约束各参与方的行为？（提示：正规的建设工程施工合同受法律的保护）	全面依法治国，建设社会主义法治国家	27
单元 4	知识点导入	1. 施工项目进度管理的过程是怎样的？ 2. 怎样才能高效地进行施工项目进度管理？	专业知识，实战能力，与时俱进	46
	小知识	结合实际工程谈一谈有哪些影响施工项目进度的事项？	实战能力，团队意识	48
单元 5	知识点导入	施工中的偷工减料会引发哪些严重后果？	职业道德，遵纪守法	65
单元 6	6.3.3　施工项目成本控制的作用	在实际工程中怎样才能做好施工项目成本控制？	专业知识，与时俱进，求真务实	92
单元 7	7.5.2　工程项目文明施工的意义及作用	同学们知道施工过程中有关环境保护和文明施工的概念吗？思考一下施工现场文明施工的具体举措有哪些？	引导学生领悟环境保护背后蕴含着的国家以人民至上的理念，环境保护必须秉持人类命运共同体的理念，以培养学生的家国情怀和国际视野	121

（续）

单元	内容导引	展开研讨（综合职业素养的内涵）	综合职业素养落脚点	页码
单元8	8.3.3　施工项目材料管理的主要内容	当前我国建筑行业处于调整时期，建筑施工的利润空间大大缩小，施工企业想要在激烈的市场竞争中取得优势，就必须加强工程现场管理和施工成本管控。材料作为工程实体的重要组成部分，成本额度占比超过施工成本总量的一半以上，那么应如何有效地进行材料管理呢？	通过讲述企业要想健康发展就离不开节约和诚信的事例，引导学生培养诚信发展的价值意识，加强对学生世界观、人生观、价值观和职业观的教育	141
单元9	知识点导入	施工项目收尾管理的重要性体现在哪些方面？	行百里者半九十，善始善终	155
	9.4.1　建筑工程施工项目的回访	建筑工程施工项目回访的主要内容和方式有哪些？建筑工程施工项目质量保修的实施步骤是什么？	严格履行合同，诚实守信	165

目　录

单元1

建设工程施工项目管理概论

知识储备

为便于本单元内容的学习与理解，需要土木工程概论、建筑施工技术、施工组织与管理等相关专业知识的支持。

1.1 建设工程项目管理

知识点导入

同学们学习了建筑工程技术、建筑识图、建筑材料、建筑工程计价等专业课程，但如何根据所学知识，将一套施工图样，通过我们的合理组织与管理，变成一幢质量合格、使用功能满足设计要求的建筑物呢？这是我们学习这门课程的主要任务，下面我们首先学习建设工程项目和建设工程项目管理的基本知识。

1.1.1 建设工程项目的概念

1. 项目

项目是指在一定的约束条件下（主要是限定标准、限定时间、限定资源），具有明确目标的一次性活动或任务。项目具有以下三个特点：

1）项目的一次性。它又称项目的单件性，即不可能有与此完全相同的项目，这是项目最主要的特点。

2）项目目标的明确性。项目目标包括成果目标和约束目标。项目必须在签订的项目承包合同工期内按规定的预算数量和质量标准等约束条件完成。没有一个明确的目标就称不上项目。

3）项目管理的整体性。即一个项目系统是由时间、空间、物资、机具、人员等多要素构成的整体管理对象。

一个项目必须同时具备以上三个特点。

2. 建设工程项目

建设工程项目是指为完成依法立项的新建、扩建、改建等各类工程而进行的，有起止日期的，达到规定要求的一组相互关联的受控活动组成的特定过程。它包括策划、勘察、设计、采购、施工、试运行、竣工验收和考核评价等。

3. 建设工程项目的组成

建设工程项目可分为单项工程、单位工程、分部工程和分项工程。

1）单项工程是指具有独立的设计文件，可以独立组织施工，建成后能够独立发挥生产能力或效益的工程。例如，工业项目的生产车间、设计规定的主要产品成产线，民用项目的办公楼、影剧院、宿舍、教学楼等。单项工程是建设项目的组成部分。

2）单位工程是指具有独立的设计文件，可以独立组织施工，但建成后不能单独进行生产或发挥效益的工程。例如，某车间是一个单项工程，该车间的土建工程就是一个单位工程，该车间的设备安装工程也是一个单位工程。单位工程是单项工程的组成部分。

建筑工程包括下列单位工程：一般土建工程、工业管道工程、电气照明工程、卫生工程、庭院工程等。

设备安装工程包括下列单位工程：机械设备安装工程、通风设备安装工程、电气设备安装工程等。

3）分部工程是单位工程的组成部分，如一般土建工程可按其主要部位划分为基础工程、主体工程、装饰装修工程和屋面工程等；设备安装工程可按其设备种类和专业不同划分为建筑采暖工程、建筑电气安装工程、通风与空调工程、电梯安装工程等。

4）分项工程是分部工程的组成部分，一般按主要工种、材料、施工工艺、设备类别等进行划分。例如，钢筋工程、模板工程、混凝土工程、砌砖工程、门窗工程等都是分项工程。分项工程是建筑施工生产活动的基础，也是计量工程用工、用料和机械台班消耗的基本单元，同时又是工程质量形成的直接过程。分项工程是由专业工种完成的产品。

4. 建设工程项目的特点

建设工程项目除具备一般项目的特征之外，还具有以下特点：

1）投资额巨大，建设周期长。因为建设项目规模大，综合性强，技术复杂，涉及的专业面宽，所以建设周期少则一年半载，多则数十年，从而相应的投资额也十分巨大。例如，三峡大坝水利工程从可行性研究到工程建成使用历时数十年，耗资数千亿元人民币。所以，若建设项目决策失误或管理失误，必将带来严重后果，甚至影响国民经济。

2）整体性强。建设项目是按照一个总体目标设计进行建设，由相互配套的若干个单项工程组合而成的项目，如一所学校是由教学楼、办公楼、文体活动场馆等单项工程配套组成。

3）固定性和庞大性。建设项目具有地点固定以及体积庞大的特点。不同地点的地质条件是不相同的，周边环境也千差万别。而且建设项目体积庞大，几乎不可搬运和挪动，所以建设项目只能单件设计、单件建设，不能批量生产。

小知识

上海环球金融中心

上海环球金融中心主体建筑设计高度为 492m，共 104 层，地上 101 层，地下 3 层，2008 年年初竣工后成为上海浦东的著名地标之一。

上海环球金融中心工程的总承包商为中建总公司和上海建工集团这两家建筑企业。

1.1.2　建设工程项目管理的概念

1. 建设工程项目管理的定义

建设工程项目管理是运用系统的理论和方法，对建设工程项目进行的计划、组织、指挥、协调和控制等专业化活动，简称为项目管理。

工程项目管理的概念

2. 建设工程项目管理的内容

根据《建设工程项目管理规范》（GB/T 50326—2017）的规定，建设工程项目管理的主要工作是在项目管理规划的指导下，建立项目管理责任制度，从而进行项目管理策划、采购与投标管理、合同管理、设计与技术管理、进度管理、质量管理、成本管理、安全生产管理、绿色建造与环境管理、资源管理、信息与知识管理、沟通管理、风险管理、收尾管理、管理绩效评价。

3. 建设工程项目管理的分类

按建设工程项目不同参与方的工作性质和组织特征划分，项目管理有如下几种类型：

1）业主方的项目管理。

2）设计方的项目管理。

3）施工方的项目管理。

4）供货方的项目管理。

5）建设项目总承包方的项目管理。

投资方、开发方和由咨询公司提供的代表业主方利益的项目管理服务都属于业主方的项目管理。施工总承包方和分包方的项目管理都属于施工方的项目管理。材料和设备供应方的项目管理都属于供货方的项目管理。建设项目总承包有多种形式，如设计和施工任务综合的承包、设计、采购和施工任务综合的承包（简称 EPC 承包）等，它们的项目管理都属于建设项目总承包方的项目管理。

试一试

1.1-1　项目应具有的特点有____________、____________、____________。

1.1-2　建设工程项目可分为____________、____________、__________和分项工程。

1.1-3　建设项目除具备一般项目的特征之外，还具有__________、__________、__________的特点。

1.1-4　按建设工程项目不同参与方的工作性质和组织特征划分，项目管理的类型有__________、__________、__________、__________和建设项目总承包方的项目管理。

1.1-5 一幢教学楼属于________。

A. 分项工程 B. 分部工程 C. 单位工程 D. 单项工程

1.1-6 砌砖工程属于________。

A. 分项工程 B. 分部工程 C. 单位工程 D. 单项工程

1.1-7 运用系统的理论和方法，对建设工程项目进行的计划、组织、指挥、协调和控制等专业化活动，这是下面________的定义。

A. 建设工程 B. 建设项目

C. 建设项目管理 D. 建筑施工

1.1-8 材料和设备供应方的项目管理属于________的项目管理。

A. 业主方 B. 施工方

C. 供货方 D. 建设项目总承包方

1.1-9 下列________属于业主方的项目管理。

A. 施工方的项目管理

B. 投资方的项目管理

C. 开发方

D. 由咨询公司提供的代表业主方利益的项目管理

E. 建设项目总承包方的项目管理

1.1-10 下列________属于建设工程项目管理的内容。

A. 项目进度管理 B. 项目质量管理

C. 项目职业健康安全管理 D. 项目的可行性研究

E. 项目沟通管理

1.2 建设工程施工项目管理的概念

知识点导入

作为施工方，它只是整个项目建设过程的众多参与者中的一员，面对的只是整个建设项目的一部分。如何进行项目管理，以及施工方项目管理的特点和内容有哪些，将是我们这一节所要讲授的内容。

1.2.1 施工项目管理的概念

1. 施工项目

施工企业自工程施工投标开始到保修期满为止的全过程中完成的项目，是以建筑施工企业为管理主体的建设工程项目，简称施工项目。

2. 施工项目的特点

1）施工项目可以是建设项目或其中的单项工程、单位工程的施工活动过程。

2）施工项目是以建筑施工企业为管理主体的。

3）施工项目的任务范围受限于项目业主和承包施工的建筑施工企业所签订的施工合同。

4）施工项目产品具有多样性、固定性、体积庞大的特点。

3. 施工项目管理

施工项目管理是施工企业运用系统的观点、理论和科学技术对施工项目进行的计划、组织、监督、控制、协调等全过程的管理。它是整个建设工程项目管理的一个重要组成部分，其管理的对象是施工项目。

1.2.2 施工项目管理的特征

1. 施工项目管理的主体是建筑施工企业

项目业主、监理单位和设计单位都不进行施工项目管理，一般情况下，建筑施工企业也不委托咨询公司进行施工项目管理。项目业主在建设工程项目实施阶段进行建设项目管理时涉及施工项目管理，但这只是建设工程项目发包方对承包方履行合同义务的一种检查方式，不能算作施工项目管理。监理单位受项目业主委托，在建设工程项目实施阶段进行建设工程监理，把施工单位作为监督对象，虽与施工项目管理有关，但也不是施工项目管理。

工程项目主要参与者

2. 施工项目管理的对象是施工项目

施工项目管理的周期包括工程投标、签订工程项目承包合同、施工准备、工程施工、交工验收及保修服务等阶段。施工项目管理的主要特殊性是生产活动与市场交易活动不能同时进行，先有施工合同双方的交易活动，后才有建设工程施工，是在施工现场预约、订购式的交易活动，买卖双方都投入生产管理。所以，施工项目管理是对特殊的商品、特殊的生产活动，在特殊的市场上，进行的特殊的交易活动的管理，其复杂性和艰难性都是其他生产管理所不能比拟的。

3. 施工项目管理的内容是按阶段变化的

施工项目必须按施工程序进行施工和管理。从工程开工到工程结束，要经过一年甚至数年的时间，工程经历了从无到有的过程，经历了准备、基础施工、结构施工、装修施工、安装施工、验收交工等多个阶段，每一个工作阶段的工作任务和管理的内容均不相同，差异很大。因此，管理者必须预先制定管理规划，提出措施，进行有针对性的动态管理，使资源能优化组合，以提高施工效率和施工效益。

4. 施工项目管理要求强化组织协调工作

由于施工项目生产周期长，参与施工的人员在不断流动，各阶段所需要的资源各不相同，而且施工活动涉及许多复杂的经济关系、技术关系、法律关系、行政关系和人际关系等，所以施工项目管理中的组织协调工作最为艰难、复杂、多变，必须采取强化组织协调的措施才能保证施工项目顺利实施。强化组织协调的措施主要有优选项目经理、建立调度机构、配备称职的调度人员、努力使调度工作科学化信息化、建立起动态的控制体系等。

1.2.3 施工项目管理的目标和任务

1. 施工项目管理的目标

施工方作为项目建设的一个参与方，其项目管理主要服务于项目的整体利益和施工方本身的利益，其项目管理的目标包括施工的成本目标、施工的进度目标和施工的质量目标。

2. 施工项目管理的主要任务

1）施工项目职业健康安全管理。

2）施工项目成本控制。

3）施工项目进度控制。

4）施工项目质量控制。

5）施工项目合同管理。

6）施工项目沟通管理。

7）施工项目收尾管理。

除以上内容外，施工项目管理还包括项目采购管理、项目环境管理、项目资源管理和项目风险管理。

1.2.4　施工项目管理程序及各阶段的工作

1. 投标与签订合同阶段

建设单位对建设项目进行设计和建设准备，在具备了招标条件以后，便发出招标公告或邀请函。施工单位见到招标公告或邀请函后，从做出投标决策至中标签约，实质上便是在进行施工项目的工作，本阶段的最终管理目标是签订工程承包合同，并主要进行以下工作：

工程项目生命周期阶段划分

1）建筑施工企业从经营战略的高度做出是否投标争取承包该项目的决策。

2）决定投标以后，从多方面（企业自身、相关单位、市场、现场等）掌握大量信息。

3）编制能使企业赢利，又有竞争力的标书。

4）如果中标，则与招标方谈判，依法签订工程承包合同，使合同符合国家法律、法规和国家计划，符合平等互利原则。

2. 施工准备阶段

施工单位与招标单位签订了工程承包合同，交易关系正式确立以后，便应组建项目经理部。然后以项目经理为主，与企业管理层、建设（监理）单位配合，进行施工准备，使工程具备开工和连续施工的基本条件。这一阶段主要进行以下工作：

1）成立项目经理部，根据工程管理的需要建立机构，配备管理人员。

2）制定施工项目管理实施规划，以指导施工项目管理活动。

3）进行施工现场准备，使现场具备施工条件，利于进行文明施工。

4）编写开工申请报告，等待批准开工。

工程总承包与全过程咨询

3. 施工阶段

这是工程自开工至竣工的实施过程，在这一段过程中，施工项目经理部既是决策机构，又是责任机构。企业管理层、项目业主、监理单位的作用是支持、监督与协调。这一阶段的目标是完成合同规定的全部施工任务，达到验收、交工的条件。这一阶段主要进行以下工作：

1）进行施工。

2）在施工中努力做好动态控制工作，保证质量目标、进度目标、造价目标、安全目标、节约目标的实现。

3）管理好施工现场，实行文明施工。

4）严格履行施工合同，处理好内外关系，管理好合同变更及索赔。

5）做好记录、协调、检查、分析工作。

4. 验收、交工与结算阶段

这一阶段可称作“结束阶段”，与建设项目的竣工验收阶段协调同步进行。其目标是对成果进行总结、评价，对外结清债权债务，结束交易关系。本阶段主要进行以下工作：

1）工程结尾。

2）进行试运转。

3）接受正式验收。

4）整理、移交竣工文件，进行工程款结算；总结工作，编制竣工总结报告。

5）办理工程交付手续，项目经理部解体。

5. 使用后服务阶段

这是施工项目管理的最后阶段。即在竣工验收后，按合同规定的责任期进行用后服务、回访与保修，其目的是保证使用单位正常使用、发挥效益。该阶段中主要进行以下工作：

1）为保证工程正常使用而做的必要的技术咨询和服务。

2）进行工程回访，听取使用单位的意见，总结经验教训，观察使用中的问题，进行必要的维护、维修和保修。

3）进行沉陷、抗震等性能观察。

1.2.5　建设工程项目管理和施工项目管理的区别

建设工程项目管理与施工项目管理在管理的任务、内容、范围及管理主体等方面均不相同，两者的区别见表1-1。

表1-1　建设工程项目管理和施工项目管理的区别

区别特征	施工项目管理	建设工程项目管理
管理任务	生产建筑产品，取得利润	取得符合要求的、能发挥应有效益的固定资产
管理内容	涉及从投标开始到交工为止的全部生产组织与管理及维修	涉及项目的全寿命周期（决策期、实施期、使用期）的建设管理
管理范围	由承包合同规定的承包范围，即建设项目中单选工程或单位工程的施工	由可行性研究报告确定的所有工程内容，是一个建设项目
管理的主体	施工企业	建设单位或其委托的咨询监理单位

试一试

1.2-1 施工企业自工程__________到__________为止的全过程中完成的项目，是以建筑施工企业为管理主体的建设工程项目，简称施工项目。

1.2-2 施工项目是以____________为管理主体的。

1.2-3 施工项目管理的对象是__________。

1.2-4 施工项目产品具有____________、____________和体积庞大的特点。

1.2-5 施工项目管理主要分为____________、____________、____________、____________、____________和使用后服务阶段五个阶段。

1.2-6 下列__________属于施工项目管理在施工准备阶段的工作内容。

A. 编制能使企业赢利，又有竞争力的标书

B. 成立项目经理部，根据工程管理的需要建立机构，配备管理人员

C. 制定施工项目管理实施规划，以指导施工项目管理活动

D. 编写开工申请报告，等待批准开工

E. 进行试运转

1.2-7 下列__________属于施工项目管理在施工阶段的工作内容。

A. 进行施工

B. 在施工中努力做好动态控制工作，保证质量目标、进度目标、造价目标、安全目标、节约目标的实现

C. 做好记录、协调、检查、分析工作

D. 工程结尾

E. 为保证工程正常使用而做的必要的技术咨询和服务

1.2-8 下列____________属于施工项目管理的主要任务。

A. 施工项目职业健康安全管理

B. 施工项目成本控制

C. 施工图的审查

D. 施工项目合同管理

E. 施工项目质量控制

1.3 施工项目管理规划

知识点导入

多年来，项目管理不论是在理论上、实践上都取得了丰硕的成果，创建了一批质量好、进度快、造价省的优质工程、精品工程和名牌工程，取得了较好的社会效益和经济效益，为企业在国内外赢得了良好的社会信誉。但是在实施工程项目管理中，也出现了不少的问题。一些施工企业和工程项目经理部指导思想不明确，实际操作上陷入了误区，主要表现有：没有从经营思想上和施工组织体制上按项目管理的要求进行改造，而仅仅是改换名称，翻版改号；以包代管，放弃了企业的层次管理；责任不明，费用失控，项目亏损严重，企业缺乏后劲等。如何科学高效地进行项目管理，其中为承包的施工项目编制施工项目管理规划，是整个施工项目管理中关键的一步。

1.3.1　施工项目管理规划的概念

施工项目管理规划是对施工项目管理的目标、组织、内容、方法、步骤、重点等进行预测和决策，做出具体安排的文件。

1.3.2　施工项目管理规划的分类

根据施工项目管理的需要，施工项目管理规划文件可分为施工项目管理规划大纲和施工项目管理实施规划两类。

1.3.3　施工项目管理规划大纲

1. 施工项目管理规划大纲的作用

施工项目管理规划大纲的作用是作为投标人的项目管理总体构想或项目管理宏观方案，指导项目投标和签订施工合同。

施工项目管理规划大纲具有战略性、全局性和宏观性，显示投标人的技术和管理方案的可行性与先进性，利于投标竞争，因此需要依靠管理层的智慧与经验，获得充分依据，发挥综合优势进行编制。

施工项目管理规划大纲应与招标文件的要求相一致，为编制投标文件提供资料，为签订合同提供依据。

2. 施工项目管理规划大纲的内容

1）项目概况。

2）项目范围管理规划。

3）项目管理目标规划。

4）项目管理组织规划。

5）项目采购与投标管理。

6）项目进度管理。

7）项目质量管理。

8）项目成本管理。

9）项目安全生产管理。

10）绿色建造与环境管理。

11）项目资源管理。

12）项目信息管理。

13）项目沟通与相关管理。

14）项目风险管理。

15）项目收尾管理。

1.3.4　施工项目管理实施规划

施工项目管理实施规划应对施工项目管理规划大纲进行细化，使其具有可操作性。

施工项目管理实施规划必须由项目经理组织项目经理部在工程开工之前编制完毕，施工项目管理实施规划也可以用施工组织设计或质量计划代替，但应能够满足项目管理的要求。

1. 施工项目管理实施规划的编制依据

1）施工项目管理规划大纲。

2）施工项目条件和环境分析资料。

3）工程合同及相关资料。

4）同类施工项目的相关资料。

2. 施工项目管理实施规划的内容

1）施工项目概况。施工项目概况应包括项目的功能、投资、设计、环境、建设要求、实施条件（合同条件、现场条件、法规条件、资源条件）等。

2）总体工作计划。总体工作计划是将施工项目管理目标、项目的实施总时间和阶段划分明确，对各种资源的总投入做出安排，提出技术路线、组织路线和管理路线。

3）组织方案。组织方案包括编制项目的项目结构图、组织结构图、合同结构图、编码结构图、重点工作流程图、任务分工表、职能分工表并进行必要的说明。

4）设计与技术措施。技术措施主要是指技术性或专业性的实施方案。

5）进度计划。

6）质量计划。

7）成本计划。

8）安全生产计划。

9）绿色建造与环境管理计划。

10）资源需求与采购计划。

11）信息管理计划。

12）沟通管理计划。

13）风险管理计划。

14）项目收尾计划。

15）项目现场平面布置图。

16）项目目标控制计划。

17）技术经济指标。

施工项目管理实施规划编制完成后，应由项目经理签字并报施工企业管理层审批。在施工项目管理实施规划实施过程中，应不断进行跟踪检查和必要的调整。待项目结束后，形成总结文件。

 小知识

二级建造师执业资格考试

凡遵纪守法并具备工程类或工程经济类中等专科以上学历并从事建设工程项目施工管理工作满2年，可报名参加二级建造师执业资格考试。

二级建造师执业资格考试设《建设工程施工管理》《建设工程法规及相关知识》《专业工程管理与实务》3个科目。

试一试

1.3-1　施工项目管理规划分＿＿＿＿＿＿、＿＿＿＿＿＿两大类。

1.3-2　施工项目管理规划大纲具有＿＿＿＿＿＿、＿＿＿＿＿＿和宏观性。

1.3-3　施工项目管理规划大纲应与招标文件的要求相一致，为编制投标文件提供资料，为签订＿＿＿＿＿＿提供依据。

1.3-4　下列哪些属于施工项目管理实施规划的内容＿＿＿＿＿＿。

A. 施工项目概况　B. 组织方案　C. 投标书　D. 质量计划

E. 项目建议书

1.3-5　施工项目目标控制措施应针对项目目标进行编制，具体包括下列哪些措施＿＿＿＿＿＿。

A. 技术措施　B. 经济措施　C. 组织措施　D. 奖罚措施

E. 合同措施

案例分析

1. 背景

某施工单位承接某工程项目的施工任务，在施工招标阶段，该单位编制了施工项目管理实施规划。中标后，为进一步加强施工项目管理，在施工技术负责人的主持下，又编制了一份施工项目管理规划大纲。其中该单位编制的施工项目管理规划大纲内容如下：

（1）施工项目概况。

（2）总体工作计划。

（3）项目管理组织规划。

（4）技术方案。

（5）进度计划。

（6）质量计划。

（7）项目职业健康安全与环境管理规划。

2. 问题

（1）上述背景中施工单位的工作中有哪些不妥之处？为什么？

（2）施工单位编制的施工项目管理规划大纲的内容有哪些不妥之处？请改正并补充完整。

3. 分析

（1）在施工招标阶段，施工单位的工作不妥之处有以下几点：

1）在施工招标阶段，该施工单位编制了施工项目管理实施规划，应改为施工单位编制了施工项目管理规划大纲。因为施工招标阶段，施工单位编制施工项目管理规划大纲的目的是指导项目投标和签订施工合同，而施工项目管理实施规划是施工单位中标后编制的。

2）为进一步加强施工项目管理，在施工技术负责人的主持下，又编制了一份施工项目管理规划大纲，这种说法不妥。因为为了加强施工项目管理，应该在项目经理的主持下编制一份施工项目管理实施规划。

(2) 施工单位编制的施工项目管理规划大纲的内容不妥。因为总体工作计划、技术方案、进度计划和质量计划不是施工项目管理规划大纲的组成内容，而是施工项目管理实施规划中的内容。

施工项目管理规划大纲的内容包括：

(1) 项目概况。

(2) 项目范围管理规划。

(3) 项目管理目标规划。

(4) 项目管理组织规划。

(5) 项目采购与投标管理。

(6) 项目进度管理。

(7) 项目质量管理。

(8) 项目成本管理。

(9) 项目安全生产管理。

(10) 绿色建造与环境管理。

(11) 项目资源管理。

(12) 项目信息管理。

(13) 项目沟通与相关管理。

(14) 项目风险管理。

(15) 项目收尾管理。

实训练习题

1. 背景

某施工单位承接了一工程项目的施工任务。该项目法人要求施工单位必须在施工合同生效后的一月内，提交施工项目管理实施规划。因此施工单位立即着手进行了下列编制工作。

(1) 收集编制施工项目管理实施规划的依据资料如下：

1) 施工项目管理规划大纲。

2) 关于项目设计和监理单位的资料。

3) 工程合同及相关资料。

4) 项目的可行性研究报告。

(2) 施工项目管理实施规划的基本内容如下：

1) 组织好参与项目建设各方的协调工作。

2) 施工项目概况。

3) 总体工作计划。

4) 项目管理目标规划。

5) 项目管理组织规划。

6）项目成本管理规划。

7）技术方案。

8）进度计划。

2. 问题

（1）施工项目管理规划大纲的作用是什么?

（2）一般情况下，施工项目管理实施规划由谁组织编写?

（3）在所收集的资料中哪些是编制施工项目管理实施规划所必需的?你认为还应补充哪些方面的资料?

（4）在所编制的施工项目管理实施规划内容中，哪些内容应该编入施工项目管理实施规划中?并请进一步补充施工项目管理实施规划的内容。

（5）项目法人所需求编制完成的时限合理吗?

单元小结

本单元首先介绍了建设工程项目的基本概念，如项目、建设工程项目以及建设工程项目的组成和特点，建设工程项目可划分为单项工程、单位工程、分部工程和分项工程。

其次，又讲述了建设项目管理的概念，使我们了解建设工程项目管理是运用系统的理论和方法，对建设工程项目进行的计划、组织、指挥、协调和控制等专业化活动。建设工程项目管理的主要工作是在项目管理规划的指导下，建立项目管理责任制度，从而进行项目管理策划、采购与投标管理、合同管理、设计与技术管理、进度管理、质量管理、成本管理、安全生产管理、绿色建造与环境管理、资源管理、信息与知识管理、沟通管理、风险管理、收尾管理、管理绩效评价。建设工程项目管理可分为业主方的项目管理、设计方的项目管理、施工方的项目管理、供货方的项目管理、建设项目总承包方的项目管理。

另外，本单元还讲述了建设工程施工项目管理的概念，施工项目是施工企业自工程施工投标开始到保修期满为止的全过程中完成的项目，是以建筑施工企业为管理主体的建设工程项目。施工项目管理是施工企业运用系统的观点、理论和科学技术对施工项目进行的计划、组织、监督、控制、协调等全过程的管理。它是整个建设工程项目管理的一个重要组成部分，其管理的对象是施工项目。施工项目管理的特征包括施工项目管理的主体是建筑施工企业、施工项目管理的对象是施工项目、施工项目管理的内容是按阶段变化的、施工项目管理要求强化组织协调工作。施工项目管理的主要任务包括施工项目职业健康安全管理、施工项目成本控制、施工项目进度控制、施工项目质量控制、施工项目合同管理、施工项目沟通管理和施工项目收尾管理。

最后，讲述了施工项目管理规划的概念。施工项目管理规划是对施工项目管理的目标、组织、内容、方法、步骤、重点等进行预测和决策，做出具体安排的文件。根据施工项目管理的需要，施工项目管理规划文件可分为施工项目管理规划大纲和施工项目实施规划两类。

单元2

施工项目管理组织机构与项目经理责任制

知识储备

为便于本单元内容的学习与理解，需要组织论、建设法规以及注册建造师制度等方面的知识储备。

2.1 施工项目管理组织机构

知识点导入

系统取决于人们对客观事物的观察方式：一个企业、一个学校、一个科研项目或一个建设项目都可以视为一个系统，但上述不同系统的目标不同，从而形成的组织观念、组织方法和组织手段也不相同，因此上述各种系统的运行方式也不同。

施工项目管理组织机构泛指参与工程项目建设各方的项目管理组织机构，包括建设单位、设计单位、施工单位的项目管理组织机构，也包括工程总承包单位、代建单位、项目管理单位等参建方的项目管理组织机构。

施工项目管理组织机构同参与项目建设的各方的企业管理组织机构是局部与整体的关系。施工项目管理组织机构设置的目的是为了进一步充分发挥施工项目管理功能，提高施工项目整体管理效率，以达到施工项目管理的最终目标。施工项目组织机构的建立是项目管理成功的组织保证。

2.1.1 施工项目管理组织机构的作用

项目经理在启动项目管理之前，首先要做好组织准备，建立一个能完成管理任务，使项目经理指挥灵便、运转自如、效率高的项目组织机构——项目经理部，其目的就是为了提供进行施工项目管理的组织保证。施工项目管理组织机构的作用有如下两点：

1. 形成一定的权力系统，以便进行统一指挥

组织机构的建立首先是以形式产生权力，权力是工作的需要，是管理地位形成的前提，是组织活动的反映。没有组织机构，便没有权力，也没有权力的运用。

2. 形成责任制和信息沟通体系

责任制是施工项目组织中的核心问题。没有责任也就不称其为项目管理的机构，也就不存在项目管理。一个项目组织能否有效地运转，取决于是否有健全的岗位责任制。施工项目组织的每个成员都应肩负一定责任，责任是项目组织对每个成员规定的一部分管理活动和生产活动的具体内容。

信息沟通是指下级（下层）以报告的形式或其他形式向上级（上层）传递信息，以及同级不同部门之间为了相互协作而横向传递信息。越是高层领导，越需要信息，越要深入下层获得信息。原因就是领导离不开信息，有了充分的信息，才能进行有效决策。

综上所述，可以看出组织机构非常重要，在项目管理中是一个焦点。如果一个项目经理建立了理想有效的组织系统，他的项目管理就成功了一半。

2.1.2　施工项目管理组织机构的设置原则

1. 目的性原则

施工项目组织机构设置的根本目的是为了产生组织功能，实现施工项目管理的总目标。从这一根本目标出发，就会因目标设事，因事设机构、定编制，按编制设岗位人员，以职责定制度、授权力。

2. 精干高效原则

施工项目组织机构的人员设置，以能实现施工项目所要求的工作任务（事）为原则，尽量简化机构，做到精干高效。人员配置要从严控制，二、三线人员力求一专多能，一人多职，同时还要提高项目管理班子成员的知识层次，使用和学习锻炼相结合，以提高管理人员素质。

3. 管理跨度和分层统一的原则

管理跨度即管理人员直接管理的下属人员的数量。管理跨度大，管理人员接触的关系增多，处理人与人之间关系的数量也随之增大。管理跨度大小与管理层次的多少有直接关系。一般情况下，管理层次多，跨度减小；管理层次少，跨度会加大。管理跨度和层次要根据领导者的能力和施工项目的大小进行权衡，并使两者统一。

4. 业务系统化管理原则

施工项目是一个开放的、由众多子系统组成的大系统，其各子系统之间，子系统内部各个单位工程之间，不同组织、工种工序之间，存在着大量的结合部。这就要求项目组织也必须是一个完整的组织结构系统，必须先恰当分层而后设置部门，以便在结合部上能形成一个相互制约、相互联系的有机整体，防止产生职能分工、权限划分和信息沟通的相互矛盾或重叠。

5. 动态调整原则

施工项目的单件性、阶段性、露天性和流动性等作为施工项目生产活动的主要特点，必然会带来生产对象数量、质量和地点的变化，带来资源配置的品种和数量的变化，也就是说，要按照动态的原则建立组织机构，不能一成不变。同时，要准备调整人员及部门设置，以适应工作工程任务变动对管理机构流动性的要求。

6. 一次性原则

施工项目管理组织机构是为了实施施工项目管理而建立的专门组织机构，由于施工项目的实施是一次性，因此当施工项目完成，其项目管理组织机构也随之解体。

2.1.3 施工项目管理组织机构的形式

1. 直线式组织机构

直线式组织机构来自于军事组织系统。在直线式组织机构中，每一个工作部门只有一个指令源，避免了由于矛盾的指令而影响组织系统的运行。在图 2-1 所示的直线式组织机构中，A 可以对 B1、B2、B3 下达指令；B2 可以对 C21、C22、C23 下达指令；虽然 B1 和 B3 比 C21、C22、C23 高一个组织层次，但 B1 和 B3 并不是 C21、C22、C23 的直接上级，不允许它们对 C21、C22、C23 下达指令。因此，在这种组织机构中，每一个工作部门的指令源是唯一的。

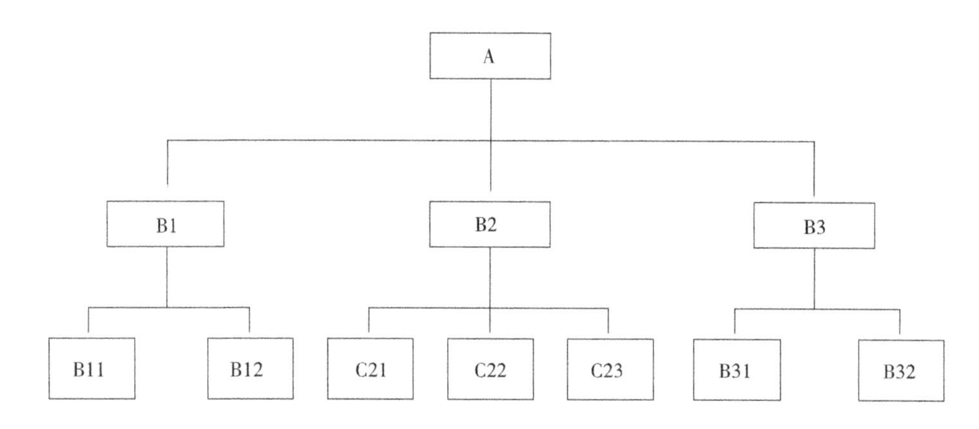

图 2-1 直线式组织机构

直线式组织机构形式的主要优点是组织机构简单，权力集中，命令统一，职责分明，决策迅速，隶属关系明确。缺点是实行没有职能部门的“个人管理”，这就要求项目经理通晓各种业务，通晓多种知识技能，成为“全能”式人物。

2. 职能式组织机构

职能式组织机构是一种传统的组织机构形式。在职能式组织机构中，每一个工作部门可能有多个矛盾的指令源。在图 2-2 所示的职能组织机构中，A 可以对 B1、B2、B3 下达指令；B1、B2、B3 可以对 C1、C2、C3、C4 下达指令。因此，在这种组织机构中，一些部门有多个指令源。

这种组织形式的主要优点是加强了施工项目目标控制的职能化分工，能够发挥职能机构的专业管理作用，提高管理效率，减轻项目经理负担。但由于下级人员受多头领导，如果上级指令相互矛盾，将使下级在工作中无所适从。此种组织形式一般用于大、中型施工项目。

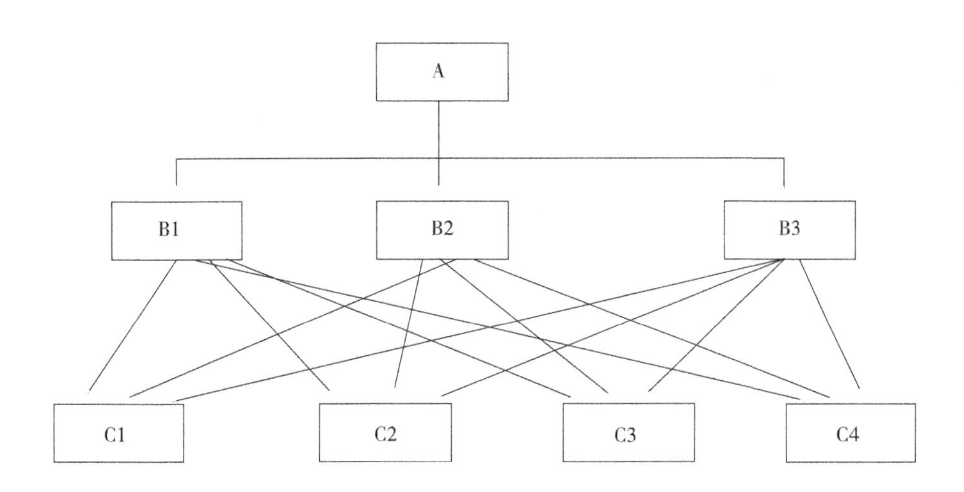

图 2-2　职能式组织机构

3. 矩阵式项目组织机构

矩阵式项目组织机构的结构形式呈矩阵状，其项目管理人员由企业有关职能部门派出并进行业务指导，接受项目经理的直接领导，矩阵式项目组织机构如图 2-3 所示。

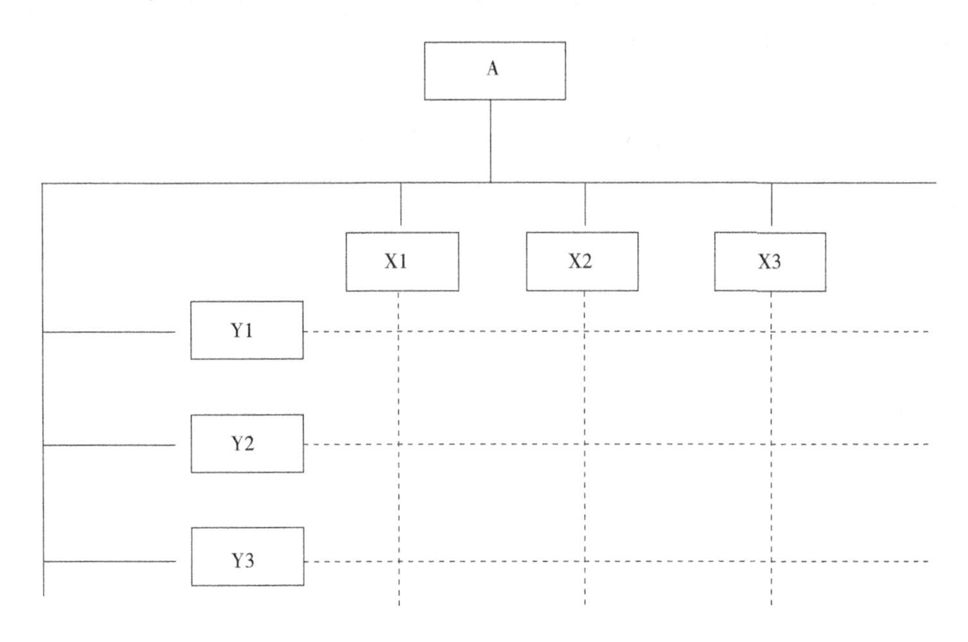

图 2-3　矩阵式项目组织机构

（1）特征

1）项目组织机构与职能部门的结合部同职能部门数相同。多个项目与职能部门的结合部呈矩阵状。

2）把职能原则和对象原则结合起来，既发挥了职能部门的纵向优势，又发挥项目组织的横向优势。

3）专业职能部门是永久性的，项目组织是临时性的。职能部门负责人对参与项目组织的人员有组织调配、业务指导和管理考察的责任。项目经理将参与项目组织的职能人员在横向上有效地组织在一起，为实现项目目标协同工作。

4）矩阵中的每个成员或部门，接受原部门负责人和项目经理的双重领导，但部门的控制力大于项目的控制力。部门负责人有权根据不同项目的需要和忙闲程度，在项目之间调配本部门人员，这样，一个专业人员可能同时为几个项目服务，特殊人才可以充分发挥作用，免得人才在一个项目中闲置又在一个项目中短缺，大大提高人才利用效率。

5）项目经理对调配到本项目经理部的成员有权控制和使用，当感到人力不足或某些成员不得力时，他可以向职能部门要求给予解决。

6）项目经理部的工作由多个职能部门支持，项目经理没有人员包袱；但要求在水平方向和垂直方向有良好的依靠及协调配合，这就对整个企业和项目组织的管理水平和组织渠道的畅通提出了较高的要求。

7）由于各类专业人员来自不同的职能部门，工作中可以相互取长补短，纵向专业优势得以发挥。但也易导致双重领导，产生意见分歧，难以统一。

（2）适用范围

1）适用于同时承担多个需要进行项目管理工程的企业。在这种情况下，各项目对专业技术人才和管理人员都有需求，加在一起数量较大，采用矩阵式组织可以充分利用有限的人才对多个项目进行管理，特别有利于发挥优秀人才的作用。

2）适用于大型、复杂的施工项目。因为大型复杂的施工项目要求多部门、多技术、多工种配合实施，在不同阶段，对不同人员，在数量和搭配上有不同的需求。

试一试

2.1-1 一般情况下，管理层次多，跨度减小；管理层次少，跨度会加大。这体现了施工项目管理组织机构设置原则中的____________。

A. 目的性原则　　B. 精干高效原则

C. 管理跨度和分层统一的原则　　D. 动态调整原则

2.1-2 要按照动态的原则建立组织机构，不能一成不变。这体现了施工项目管理组织机构设置原则中的____________。

A. 目的性原则　　B. 精干高效原则

C. 管理跨度和分层统一的原则　　D. 动态调整原则

2.1-3 因目标设事，因事设机构、定编制，按编制设岗位人员，以职责定制度、授权力。这体现了施工项目管理组织机构设置原则中的__________。

A. 目的性原则　　B. 精干高效原则

C. 管理跨度和分层统一的原则　　D. 动态调整原则

2.1-4 线性组织结构的特点是____________。

A. 每一个工作部门只有一个直接的下级部门

B. 每一个工作部门只有一个直接的上级部门

C. 谁的级别高，就听谁的指令

D. 可以越级指挥或请示

2.1-5　在常用的组织机构模式中，会产生多个矛盾的指令源的是＿＿＿＿＿＿。

A. 直线式组织结构　　　B. 职能式组织结构

C. 矩形式组织结构　　　D. 混合式组织结构

2.1-6　下列选项中＿＿＿＿＿不是施工项目管理组织机构的设置原则。

A. 公正性　　B. 精干高效原则　　C. 流动性　　D. 科学性

E. 一次性原则

2.1-7　下列选项中不是直线式组织机构形式缺点的是＿＿＿＿＿＿。

A. 专业分工差　　B. 机构简单　　C. 权力集中　　D. 隶属关系不明确

2.2　施工项目经理部和团队建设

知识点导入

俗话说："一个和尚挑水喝，两个和尚抬水喝，三个和尚没水喝。一只蚂蚁来搬米，搬来搬去搬不起，两只蚂蚁来搬米，身体晃来又晃去，三只蚂蚁来搬米，轻轻抬着进洞里。"上面这两种说法有截然不同的结果。"三个和尚"是一个团体，可是他们没水喝是因为互相推诿，不讲协作；"三只蚂蚁来搬米"之所以能"轻轻抬着进洞里"，正是团结协作的结果。

2.2.1　施工项目经理部概述

1. 施工项目经理部定义

施工项目经理部是由施工项目经理在施工企业的支持下组建并领导进行项目管理的组织机构。它是施工项目现场管理一次性的施工生产组织机构，负责施工项目从开工到竣工的全过程施工生产经营的管理工作。它既是企业某一施工项目的管理层，又对劳务作业层负有管理与服务的双重职能。

对于大、中型施工项目，施工企业必须在施工现场设立施工项目经理部；对于小型施工项目，可由企业法定代表人委托一个项目经理部兼管。

施工项目经理部直属项目经理的领导，接受企业各职能部门指导、监督、检查和考核。

施工项目经理部在项目竣工验收、审计完成后解体。

2. 施工项目经理部的作用

1）负责施工项目从开工到竣工的全过程施工生产经营的管理，对作业层负有管理与服务的双重职能。

2）为施工项目经理决策提供信息依据，当好参谋，同时又要执行项目经理的决策意图，向项目经理全面负责。

3）施工项目经理部作为组织主体，应完成企业所赋予的基本任务——施工项目管理任务；凝聚管理人员的力量，调动其积极性，促进管理人员的合作，建立为事业献身的精神；协调部门之间、管理人员之间的关系，发挥每个人的岗位作用，为共同目标进行工作。

4）施工项目经理部是代表企业履行工程承包合同的主体，对生产全过程负责。

3. 施工项目经理部的设立

施工项目经理部的设立应根据施工项目管理的实际需要进行。施工项目经理部的组织机构可繁可简，可大可小，其复杂程度和职能范围完全决定于组织管理体制、规模和人员素质。施工项目经理部的设立应遵循以下基本原则：

1）要根据所设计的施工项目组织形式设置施工项目经理部。大、中型施工项目宜建立矩阵式项目管理机构，远离企业所在地的大、中型施工项目宜建立职能式项目管理机构，小型施工项目宜建立直线式项目管理机构。

2）要根据施工项目的规模、复杂程度和专业特点设置施工项目经理部。例如，大型施工项目经理部可以设职能部、处；中型项目经理部可以设处、科；小型施工项目经理部一般只需设职能人员即可。

3）施工项目经理部是一个具有弹性的一次性管理组织，随着施工项目的开工而组建，随着施工项目的竣工而解体，不应搞成固定性组织。

4）施工项目经理部的人员配置应面向现场，满足现场的计划与调度、技术与质量、成本与核算、劳务与物资、安全与文明施工的需要，而不应设置专管经营与咨询、研究与发展、政工与人事等与施工关系较少的非生产性管理部门。

你不能改变周围的环境，但是你可以决定自己的想法。无论发生什么事情，只要你能做到宠辱不惊，一笑置之，就能够从容处世。当很多人还在为所谓的身外之物疲于奔命的时候，聪明的你应该时时告诉自己，生命对每个人来说只有一次，每一个自己都是最好的自己。

2.2.2 施工项目团队建设

1. 施工项目团队

施工项目团队指施工项目经理及其领导下的项目经理部和各职能管理部门。

2. 施工项目团队建设的主体

施工项目团队建设的主体是加强组织成员的团队意识，树立团队精神，统一思想，步调一致，沟通顺畅，运作高效。

3. 施工项目团队的核心

施工项目经理作为施工项目团队的核心，应起到示范和表率作用，通过自身的言行、素质调动广大成员的工作积极性和向心力，并善于用人和激励进取。

4. 施工项目团队建设的主要工作

施工项目团队建设的主要工作是进行沟通、加强教育，通过各种方式营造集体观念，激发个人潜能，形成积极向上、凝聚力强的施工项目管理组织机构。

试一试

2.2-1 ____________作为施工项目团队的核心，应起到示范和表率作用。

2.2-2 施工项目团队指施工项目经理及其领导下的__________和__________。

2.2-3 施工项目经理部是由__________在施工企业的支持下组建并领导进行项目管

理的组织机构。

2.2-4　大、中型施工项目宜建立__________项目管理机构。

A. 矩阵式　　B. 职能式　　C. 直线式　　D. 全能式

2.2-5　远离企业所在地的大、中型施工项目宜建立__________项目管理机构。

A. 矩阵式　　B. 职能式　　C. 直线式　　D. 全能式

2.2-6　小型施工项目宜建立__________项目管理机构。

A. 矩阵式　　B. 职能式　　C. 直线式　　D. 全能式

2.2-7　下列哪些描述是正确的__________。

A. 施工项目经理部是由施工项目经理在施工企业的支持下组建并领导进行项目管理的组织机构

B. 施工项目经理部是施工项目现场管理一次性的施工生产组织机构

C. 施工项目经理部是代表企业履行工程承包合同的主体，对生产全过程负责

D. 施工项目经理部直属项目经理的领导，接受企业各职能部门指导、监督、检查和考核

E. 对于大、中、小型施工项目，施工企业都必须在施工现场设立施工项目经理部

2.3　施工项目经理责任制

知识点导入

管理的真谛在“理”不在“管”，不仅要兼顾公司利益和个人利益，而且要让个人利益与公司整体利益统一起来。责任、权力和利益是管理平台的三根支柱，缺一不可。缺乏责任，公司就会产生腐败，进而衰退；缺乏权力，管理者的执行就变成废纸；缺乏利益，员工就会积极性下降，消极怠工。只有管理者把责、权、利的平台搭建好，员工才能“八仙过海，各显其能”。

2.3.1　施工项目经理

1. 施工项目经理的概念

施工项目经理是指由建筑企业法定代表人委托和授权，在建设工程施工项目中担任项目经理责任岗位职务，直接负责施工项目的组织实施，对建设工程施工项目实施全过程、全面负责的项目管理者。他是建设工程施工项目的责任主体，是建筑业企业法定代表人在承包建设工程施工项目上的委托代理人。

2. 施工项目经理的地位

一个施工项目是一项一次性的整体任务，在完成这个任务的过程中，现场必须有一个最高的责任者和组织者，这就是施工项目经理。

施工项目经理是对施工项目管理实施阶段全面负责的管理者，在整个施工活动中占有举足轻重的地位。施工项目经理的重要作用如下：

1）施工项目经理是建筑施工企业法定代表人在施工项目上负责管理和合同履行的委

托代理人，是施工项目实施阶段的第一责任人。施工项目经理是项目目标的全面实现者，既要对项目业主的成果性目标负责，又要对企业效益性目标负责。

2）施工项目经理是协调各方面关系，使之相互协作、密切配合的桥梁和纽带。施工项目经理对项目管理目标的实现承担着全部责任，即履行合同义务，执行合同条款，处理合同纠纷。

3）施工项目经理对施工项目的实施进行控制，是各种信息的集散地和处理中心。自上、自下、自外而来的信息，通过各种渠道汇集到施工项目经理处，施工项目经理通过对各种信息进行汇总分析，及时做出应对决策，并通过报告、指令、计划和协议等形式，对上反馈信息，对下、对外发布信息。

4）施工项目经理是施工项目责、权、利的主体。首先，施工项目经理必须是项目实施阶段的责任主体，是项目目标的最高责任者，而且目标实现还应该不超出限定的资源条件。责任是施工项目经理责任制的核心，它构成了施工项目经理工作的压力，是确定施工项目经理利益的依据。其次，施工项目经理必须是项目的权力主体。权力是确保施工项目经理能够承担起责任的条件与前提，所以权力的范围，必须视施工项目经理所承担的责任而定。如果没有必要的权力，施工项目经理就无法对工作负责。最后，施工项目经理还必须是施工项目的利益主体。利益是施工项目经理工作的动力，是因施工项目经理对负有的相应责任而得到的报酬，所以利益的形式及利益的大小须与施工项目经理的责任对等。

2.3.2 施工项目经理的责、权、利

1. 施工项目经理的职责

施工项目经理的职责主要包括两个方面：一方面要保证施工项目按照规定的目标高速、优质、低耗地全面完成，另一方面要保证各生产要素在授权范围内最大限度地优化配置。施工项目经理的职责具体如下：

1）代表企业实施施工项目管理。贯彻执行国家和施工项目所在地政府的有关法律、法规、方针、政策和强制性标准，执行企业的管理制度，维护企业的合法利益。

2）与企业法人签订《施工项目管理目标责任书》，执行其规定的任务，并承担相应的责任，组织编制施工项目管理实施规划并组织实施。

3）对施工项目所需的人力资源、资金、材料、技术和机械设备等生产要素进行优化配置和动态管理，沟通、协调和处理与分包单位、项目业主、监理工程师之间的关系，及时解决施工中出现的问题。

4）业务联系和经济往来，严格财经制度，加强成本核算，积极组织工程款回收，正确处理国家、企业及个人的利益关系。

5）做好施工项目竣工结算、资料整理归档，接受企业审计并做好施工项目经理部的解体和善后工作。

2. 施工项目经理的权限

赋予施工项目经理一定的权力是确保项目经理承担相应责任的先决条件。为了履行项目经理的职责，施工项目经理必须具有一定的权限，这些权限应由企业法人代表授权，并

用制度和目标责任书的形式具体确定下来。施工项目经理在授权和企业规章制度范围内，应具有以下权限：

1）用人决策权。施工项目经理有权决定项目管理机构班子的设置，聘任有关管理人员，选择作业队伍，对班子内的任职情况进行考核监督，决定奖惩乃至辞退。当然，项目经理的用人权应当以不违背企业的人事制度为前提。

2）财务支付权。施工项目经理应有权根据施工项目的需要或生产计划的安排，做出投资动用，流动资金周转，固定资产机械设备租赁、使用的决策，也可以对项目管理班子内的计酬方式、分配的方案等做出决策。

3）进度计划控制权。施工项目经理根据施工项目进度总目标和阶段性目标的要求，有权对工程施工进行检查、调整，并对资源进行调配，从而对进度计划进行有效的控制。

4）技术质量管理权。施工项目经理根据施工项目管理实施规划或施工组织设计，有权批准重大技术方案和重大技术措施，必要时召开技术方案论证会，把好技术决策关和质量关，防止技术的决策失误，主持处理重大质量事故。

5）物资采购管理权。施工项目经理在有关规定和制度的约束下有权采购和管理施工项目所需的物资。

6）现场管理协调权。施工项目经理代表公司协调与施工项目有关的外部关系，有权处理现场突发事件，但事后须及时通报企业主管部门。

3. 施工项目经理的利益

施工项目经理最终的利益是项目经理行使权利和承担责任的结果，也是市场经济条件下，责、权、利、效（经济效益和社会效益）相互统一的具体体现。利益可分为两大类：一是物资兑现，二是精神奖励。施工项目经理具体应享有以下利益：

1）获得基本工资、岗位工资和绩效工资。

2）在全面完成施工项目管理目标责任书确定的各种责任目标，工程交工验收并结算后，接受企业的考核和审计，除按规定获得物质奖励外，还可获得表彰、记功、优秀项目经理等荣誉称号及其他精神奖励。

3）经考核和审计，未完成施工项目管理目标责任书确定的责任目标或造成亏损的，按有关条款承担责任，并接受经济或行政处罚。

从行为科学的理论观点来看，对施工项目经理的利益兑现应在分析的基础上区别对待，满足其最迫切的需要，以真正通过激励调动其积极性。行为科学认为，人的需要是从低层次到高层次的，他们依次分别是：物质的、安全的、社会的、自尊的和理想的需要，如果把前两种需要称为“物质的”，则其他三种需要可称为“精神的”。在进行激励之前，应分析该施工项目经理的最迫切需要，不应盲目地只注重物质奖励，在某种意义上说，精神激励的面较广，作用会更显著。精神激励如何兑现，应不断进行研究，积累经验。

2.3.3 施工项目经理的工作性质

建筑施工企业经理（以下简称项目经理），是指受企业法定代表人委托对工程项目施工过程全面负责的项目管理者，是建筑施工企业法定代表人在工程项目上的代表人。

建造师是一种专业人士的名称，而项目经理是一个工作岗位的名称，应注意这两种概念的区别和关系。在国际上，施工企业项目经理的地位和作用，以及其特征如下：

1）项目经理是企业任命的一个项目管理班子的负责人（领导人），但它并不一定是（多数不是）一个企业法定代表人在工程项目上的代表人，因为一个企业法定代表人在工程项目上的代表人在法律上赋予其的权限范围太大。

2）项目经理的任务权限于支持项目管理工作，其主要任务是项目目标的控制和组织协调。

3）在有些文献中明确界定，项目管理不是一个技术岗位，而是一个管理岗位。

4）项目经理是一个组织系统中的管理者，至于他是否有人权、财权和物资采购权等管理权限，则由其上级确定。

我国在施工企业中引入项目经理的概念已多年，取得了显著的成绩。但是，在推行项目经理负责制的过程中也有不少误区，如：企业管理的体制与机制和项目经理负责制不协调，在企业利益与项目经理的利益之间出现矛盾；不恰当地、过分扩大项目经理的管理权限和责任；将农业小生产的承包责任机制应用到建筑大生产中，甚至采用项目经理抵押承包的模式，抵押物的价值与工程可能发生的风险不相当等。

2.3.4 施工项目经理责任制的概念

1. 施工项目经理责任制的一般规定

施工项目经理责任制是施工项目管理的基本制度，是评价施工项目经理工作绩效的基本依据。施工项目经理责任制的核心是施工项目经理承担实现项目管理目标责任书确定的责任。施工项目经理与施工项目经理部在工程建设中应严格遵守和实行施工项目管理责任制度，确保施工项目目标全面实现。

2. 施工项目经理责任书

施工项目经理责任书由施工企业法定代表人或其授权人与施工项目经理签订，具体明确施工项目经理及其管理成员在项目实施过程中的职责、权限、利益与奖惩，是规范和约束企业与项目经理部各自行为，考核项目管理目标完成情况的重要依据，属内部合同。

3. 施工项目经理责任书的内容

1）施工项目管理实施目标。

2）施工企业与施工项目经理部之间的责任、权限和利益分配。

3）施工项目管理的内容和要求。

4）施工项目需要资源的提供方式和核算方法。

5）企业法定代表人向施工项目经理委托的特殊事项。

6）施工项目经理部应承担的风险。

7）施工项目管理目标评价的原则、内容和方法。

8）对施工项目经理部进行奖惩的依据、标准和方法。

9）施工项目经理解职和施工项目经理部解体的条件及方法。

施工项目完成后，施工企业应对施工项目管理目标责任书的完成情况进行考核，根据考核结果和项目管理目标责任书的奖惩规定提出奖惩意见，对施工项目经理部进行奖励或处罚。

试一试

2.3-1 ________是建筑企业法定代表人在承包建设工程施工项目上的委托代理人。

2.3-2 一个施工项目是一项一次性的整体任务，在完成这个任务的过程中，现场必须有一个最高的责任者和组织者，这就是________。

2.3-3 施工项目经理是施工项目______、______、利的主体。

2.3-4 施工项目经理的利益可分为两大类：一是________，二是________。

2.3-5 施工项目经理责任制是________的基本制度，是评价________工作绩效的基本依据。

2.3-6 施工项目经理应由________任命。

A. 建设单位项目部　　B. 监理公司

C. 施工企业法定代表人　　D. 施工企业董事会

2.3-7 施工项目经理是项目目标的全面实现者，既要对________的成果性目标负责，又要对________的效益性目标负责。

2.3-8 下列哪些内容应属于施工项目经理的权限________。

A. 财务支付权　B. 进度计划控制权　C. 物资采购管理权

D. 工程发包权　E. 工程使用权

2.3-9 下列哪些内容应属于施工项目经理责任书的内容________。

A. 施工项目管理实施目标　　B. 施工项目经理部应承担的风险

C. 施工项目管理规划　　D. 施工项目可行性报告

2.3-10 某施工企业项目经理在组织项目施工中，为了赶工期，施工质量控制不严，造成某分项工程返工，使其施工项目受到一定的经济损失。施工企业对项目经理的处理主要是________。

A. 追究法律责任　B. 追究经济责任　C. 追究社会责任　D. 吊销建造师资格

小知识

失败是一种过程，成功才是目标，有了过程的艰辛，才有成功的喜悦。有的人因为害怕失败，所以宁愿平庸也不愿接受挑战，即使对现状不满意，也不愿意放手一搏，还总是自我安慰或者为自己找借口。通常，这种人都是无法战胜自己的人。

案例分析

1. 背景及问题

某承包商承接一教学楼的施工任务，拟建立施工项目经理部。若该项目经理部由项目经理、技术负责人、质量安全负责人、造价负责人、施工员、质量安全员和造价员各一名组成，根据所学知识该项目经理部采用哪种组织机构形式比较合适？请绘制该项目经理部组织机构图，并说明直线式组织机构的特点有哪些。

2. 分析

根据该施工项目的特点，该项目经理部采用直线式组织机构的形式比较合适。其线性组织机构图如图2-4所示。

直线式组织机构的特点是组织机构简单，权力集中，命令统一，职责分明，决策迅速，隶属关系明确。缺点是实行没有职能部门的“个人管理”，这就要求项目经理通晓各种业务，通晓多种知识技能，成为“全能”式人物。

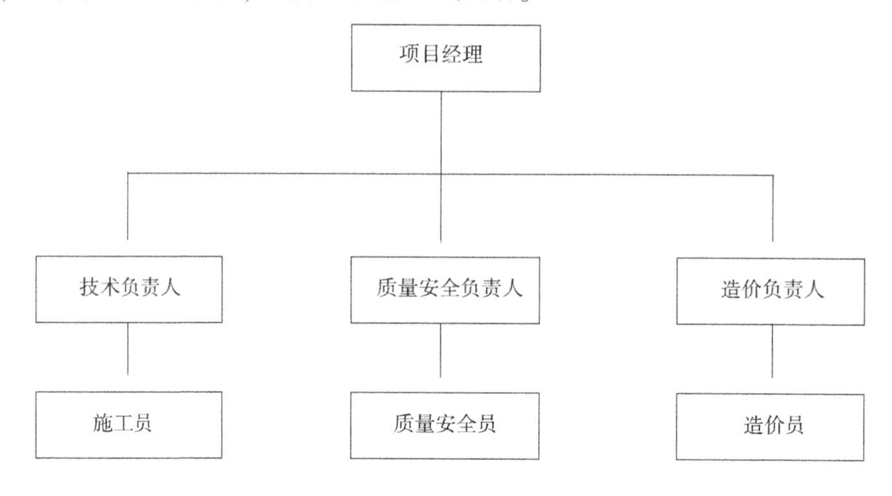

图2-4 直线式组织机构图

实训练习题

1. 背景

某大型建设工程项目，由A、B、C、D四个单项工程组成，采用施工总承包方式进行招标。经评标后，由市城乡建筑总公司中标，该公司确定了项目经理，在施工现场设立项目经理部。项目经理部下设综合办公室（兼管合同）、技术部（兼管进度和造价）、质量安全部三个业务职能部门；设立A、B、C、D四个施工管理组。

2. 问题

为了充分发挥职能部门和施工管理组的作用，使项目经理部具有机动性，应选择何种组织机构形式并说明理由，请绘出该项目经理部组织机构图。

单元小结

本单元首先介绍了施工组织管理机构的概念，施工项目管理组织机构同参与项目建设的各方的企业管理组织机构是局部与整体的关系。施工组织管理机构的作用包括形成一定的权力系统，以便进行统一指挥和形成责任制和信息沟通体系。施工组织管理机构的设置原则有目的性原则、精干高效原则、管理跨度和分层统一的原则、业务系统化管理原则、动态调整原则和一次性原则。施工项目组织机构的形式有直线式组织机构、职能式组织机构和矩阵式项目组织机构。其次，介绍了施工项目经理部是由施工项目经理在施工企业的支持下组建并领导进行项目管理的组织机构。施工项目经理部的作用和施工项目经理部的设立原则。最后，介绍了施工项目经理的概念、地位、职责、权限、利益和工作性质等内容。

单元3

施工项目合同管理

知识储备

为便于本单元内容的学习与理解，需要合同法、建筑工程发承包、建设工程施工招标投标等相关专业知识的支持。

3.1 施工项目合同管理概述

知识点导入

在建设工程项目合同管理中，建设工程施工项目合同贯穿于建设工程项目实施的全过程，确定了工程的工期、成本及质量这三大目标，对整个建设工程合同体系中的其他合同(如勘察设计合同、供应合同等)有很大影响，在整个建设工程合同体系中处于主导地位，因此，在建设工程项目管理中加强对施工项目合同的管理具有十分重要的意义。

3.1.1 建设工程施工合同的概念

1. 合同

合同又称契约，是平等主体的自然人、法人、其他组织之间设立、变更、终止民事权利义务关系的协议。

工程项目合同管理的概念

合同中所确立的权利义务，必须是当事人依法可以享有的权利和能够承担的义务，这是合同具有法律效力的前提。如果在订立合同的过程中有违法行为，当事人不仅达不到预期的目的，还应根据违法情况承担相应的法律责任。

《中华人民共和国民法典》“合同篇”分别按照合同标的的特点将合同分为买卖合同；供用电、水、气、热力合同；赠与合同；借款合同；保证合同；租赁合同；融资租赁合同；保理合同；承揽合同；建设工程合同；运输合同；技术合同；保管合同；仓储合同；委托合同；物业服务合同；行纪合同；中介合同；合伙合同。

2. 建设工程合同

建设工程合同是承包人进行工程建设、发包人支付价款的合同。

建设工程合同是一种双务、有偿合同。承包人的主要义务是进行工程建设，权利是得到工程价款。发包人的主要义务是支付工程价款，权利是得到完整、符合约定的建筑产品。建设合同也是一种诺成合同，合同订立生效后，双方应当严格履行。

建设工程合同按工程建设阶段划分，可以分为建设工程勘察合同、建设工程设计合同和建设工程施工合同。建设工程勘察合同是发包人与勘察人就完成商定的勘察任务明确双方权利义务的协议。建设工程设计合同是发包人与设计人就完成商定的工程设计任务明确双方权利义务的协议。建设工程施工合同是发包人与承包人为完成商定的建设工程项目的施工任务明确双方权利义务的协议。

3. 建设工程施工合同

建设工程施工合同即建筑安装工程承包合同（简称施工合同），是建设工程的主要合同之一，是发包人与承包人为完成商定的建筑安装工程，明确双方权利和义务的协议。

施工合同的当事人是发包人和承包人，双方是平等的民事主体。施工合同有施工承包合同、专业分包合同和劳务作业分包合同之分。施工承包合同的发包人是建设工程的建设单位或项目总承包单位，承包人是施工单位。专业分包合同和劳务作业分包合同的发包人是取得施工承包合同的施工单位，一般仍称为承包人。而专业分包合同的承包人是专业工程施工单位，一般称为分包人。劳务作业分包合同的承包人是劳务作业单位，一般称为劳务分包人。

施工合同按计价方式划分，可以分为总价合同、单价合同和成本加酬金合同。总价合同是指投标人按照招标文件要求报一个总价，在总价下完成合同规定的全部项目。单价合同是指发包人和承包人在合同中确定每一个单项工程单价，结算按实际完成工程量乘以每项工程单价计算。成本加酬金合同是指成本费按承包人的实际支出由发包人支付，发包人同时另外支付一定数额或百分比的管理费和双方商定的利润。

4. 建设工程施工合同的特点

1）合同主体的严格性。施工合同主体一般只能是法人。发包人一般是经过批准的进行工程项目建设的法人，须有国家批准的建设项目，落实投资计划，并具备相应的协调能力。承包人必须具备法人资格，而且具备相应的从事工程施工的资质。无营业执照或无承包资质的单位不能作为建设工程施工合同的主体，资质等级低的单位不能越级承包建设工程。

2）合同标的的特殊性。施工合同的标的是各类建筑产品，建筑产品是不动产，其基础部分与大地相连，不能移动，具有固定性特点。这就决定了每个施工合同的标的都是特殊的，相互间不可替代。另外，每一个建筑产品都需要单独设计和施工，即单件性生产，这也决定了施工合同标的的特殊性。

3）合同履行时间长。建筑物的施工由于结构复杂、体积大、建筑材料类型多、工作量大，使得合同履行期限都较长。并且施工合同的订立和履行一般都需要较长的准备期，在合同的履行过程中，还可能因为不可抗力、工程变更、材料供应不及时等原因而导致合同期限顺延。所有这些情况，决定了施工合同履行时间长。

小知识

FIDIC 简介

FIDIC 中对风险管理的要求

FIDIC 是指国际咨询工程师联合会，它是由该联合会的法文名称字头组成的缩写词。1913 年，欧洲几个国家的咨询工程师协会组成了 FIDIC，经过长期的发展，该联合会已拥有数量众多的成员，是被世界银行认可的国际咨询服务机构。中国工程咨询协会代表我国于 1996 年 10 月加入该组织。

FIDIC 的各专业委员会编制了一系列规范性合同条件，构成了 FIDIC 合同条件体系。1999 年，FIDCI 出版了 4 份合同条件：施工合同条件（简称“新红皮书”）、永久设备和设计——建造合同条件（简称“新黄皮书”）、EPC 交钥匙项目合同条件（简称“银皮书”）和合同的简短格式。

3.1.2　施工项目合同管理的概念

施工项目合同管理是对工程施工合同的编制、签订、实施、变更、索赔和终止等的管理活动。施工项目合同管理应遵循下列程序。

1）项目合同订立。承包人对建设单位和建设项目进行了解和分析，对招标文件和合同条件进行审查、认定和评价，中标后还需与发包人进行谈判，双方达成一致意见后，即可正式签订合同。

2）项目合同实施。施工合同签订后，承包人必须就合同履行作出具体安排，制订合同实施计划。合同实施计划应包括合同实施的总体策略、合同实施总体安排、工程分包策划以及合同实施保证体系的建立等内容。

承包人还应进行合同实施控制。合同实施控制包括合同交底、合同实施监督、合同跟踪、合同实施诊断、合同变更管理和索赔管理等工作。

3）项目合同终止和综合评价。合同履行结束即合同终止。承包人在合同履行结束时，应及时进行合同综合评价，总结合同签订和执行过程中的得失利弊、经验教训，提出总结报告。

试一试

3.1-1　合同又称契约，是平等主体的自然人、法人、其他组织之间设立、变更、终止______________的协议。

3.1-2　建设工程合同是承包人______________、发包人______________的合同。

3.1-3　施工合同按计价方式划分，可以分为________________、________________和________________。

3.1-4　某公司是工程项目中的专业工程施工单位，则该公司在分包合同中一般被称为________。

A. 承包人　　B. 发包人　　C. 分包人　　D. 劳务分包人

3.1-5　施工项目合同管理应遵循的程序是__________。

A. 项目合同订立、评价、实施和终止　　B. 项目合同评价、订立、实施和终止

C. 项目合同订立、实施、评价和终止　　D. 项目合同订立、实施、终止和评价

3.1-6 建设工程合同按工程建设阶段划分，可以分为________。

A. 建设工程勘察合同　　B. 建设工程设计合同

C. 建设工程物资采购合同　　D. 建设工程委托监理合同

E. 建设工程施工合同

3.1-7 建设工程施工合同的特点有________。

A. 合同主体的严格性　　B. 合同主体的特殊性

C. 合同标的的特殊性　　D. 合同履行时间长

E. 合同履行时间短

3.2 施工项目投标

知识点导入

工程项目招标与投标程序

招标投标是订立合同的一种主要方式。投标是建筑企业取得承包合同的主要途径。投标关系着企业的兴衰存亡，参加投标不仅比报价，而且比技术、比实力、比信誉、比经验。为了能在投标中取胜，投标人必须了解施工项目投标的概念、投标程序、投标文件等理论知识。

3.2.1 施工项目投标的概念

施工项目投标，指投标人在获得招标信息后，按照招标人的要求，向招标人提交其依照招标文件要求所编制的投标文件，即向招标人提出自己的报价，以期获得该施工项目承包权的过程。

投标行为实质上是参与建筑市场竞争的行为，是众多投标单位综合实力的较量，投标单位通过竞争取得承包权。

3.2.2 投标人的要求

投标人是指响应招标、参加投标的法人或者其他组织。参加投标活动必须具备一定的条件，不是任何法人或者其他组织都可以参加投标。投标人应达到以下几点要求：

1. 投标人应当具备承担招标项目的能力

对于建筑企业而言，具备承担招标项目的能力主要体现在不同资质等级的认定上。参加建设工程施工投标的企业，应当持有依法取得的资质证书，并应当按照其资质等级证书所许可的范围进行投标。建筑企业不得超越本企业资质等级许可的业务范围承揽工程。

2. 投标人不得违反投标的禁止性规定

投标人不得相互串通投标报价；投标人不得与招标人串通投标；投标人不得以行贿的手段谋取中标；投标人不得以低于成本的报价竞标；投标人不得以他人名义投标或者以其他方式弄虚作假，骗取中标。

小知识

对建设工程的发包人来说，重要的是如何找到理想的、有能力承担建设工程任务的合格单位，用经济合理的价格，获得满意的服务和产品。根据通常做法，建设工程的发包人一般都通过招标或其他竞争方式选择建设工程任务的实施单位，包括设计、咨询、施工承包和供货等单位。当然，发包人也可以通过询价采购和直接委托等方式选择建设工程任务的实施单位。而承担建设工程任务的设计、施工等单位也通常以投标竞争力方式显示自己的实力和水平，获得想要承担的工程任务。

3.2.3　投标工作机构

进行施工投标，需要有专门的机构和人员对投标的全部活动过程加以组织和管理。实践证明，建立一个强有力的、内行的投标工作机构是投标获得成功的根本保证。

对于投标人来说，参加投标就如同参加一场竞争。为确保在投标竞争中取胜，投标人的投标工作机构应该由经营管理类人才、专业技术类人才、商务金融类人才组成。

1. 经营管理类人才

所谓经营管理类人才，是指专门从事工程承包经营管理，制定和贯彻经营方针与规划，负责工作的全面筹划和安排的决策人才。这类人才应知识渊博、视野广阔，具备一定的法律知识和实际工作经验，勇于开拓、具有较强的思维能力和社会活动能力，并掌握一套科学的研究方法和手段。

2. 专业技术类人才

所谓专业技术类人才，是指各类专业技术人员，诸如建筑师、土木工程师、电气工程师、机械工程师等。这类人才应具备熟练的实际操作能力，以便在投标时能从企业的实际技术水平出发，考虑各项专业实施方案。

3. 商务金融类人才

所谓商务金融类人才，是指技术报价人员。这类人才应具有金融、贸易、税法、保险、预决算等专业知识。

以上是对投标工作机构组成人员个体素质的基本要求，一个投标工作机构仅仅个体素质良好还不够，还需要各方的共同参与、协同作战，充分发挥群众力量。除此之外，为了保守投标报价的秘密，投标工作机构成员须保持相对稳定，并且人数不宜过多。不断提高投标工作机构成员的素质和水平，对于提高投标的竞争力至关重要。

3.2.4　施工项目投标程序

施工项目投标程序如图3-1所示。

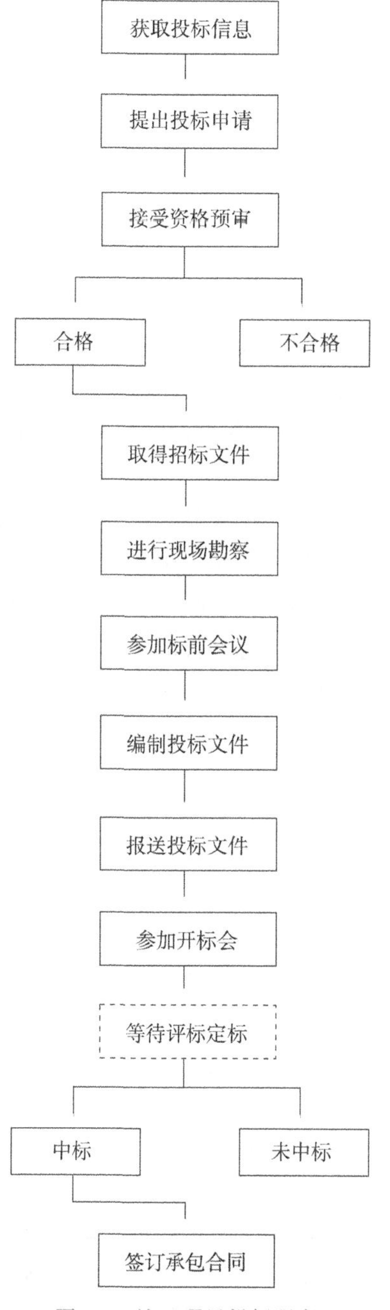

图3-1　施工项目投标程序

下面着重介绍投标程序中的几个重要步骤。

（1）资格预审　对承包商来说，资格预审能否通过是投标过程中的第一关。只有资格预审合格，才能参加投标的实质性竞争。投标人在申报资格预审时，应注意以下事项。

1）要按业主的要求填写所有表格。

2）尽量突出自己的特长，如施工经验、施工技术、施工水平和施工组织管理能力等。

3）注意平时的资料积累，做好资料储存工作，以便随时调用。

（2）投标文件　投标文件是投标人根据招标人的要求及其拟定的文件格式填写的文件，它表明投标人的具体投标意见，关系着投标的成败及其中标后的盈亏。

投标文件是由一系列有关投标方面的书面资料组成的。投标文件一般包括下列几项。

1）投标函。

2）施工组织设计或者施工方案。

3）投标报价。

4）招标文件要求提供的其他材料。

（3）开标　投标人在编制和提交完投标文件后，应按时参加开标会议。开标会议由招标人或招标代理机构组织并主持，邀请所有投标人参加。开标应当在招标文件确定的提交投标文件截止时间的同一时间公开进行；开标地点应当为招标文件中确定的地点。开标时当众开封并宣读投标文件，但不解答任何问题。

开标时如果发现有下列情况之一者，视为无效投标。

1）投标文件未按照招标文件的要求予以密封的。

2）投标文件中的投标函未加盖投标人企业及企业法定代表人印章的，或者企业法定代表人委托代理人没有合法有效的委托书（原件）及委托代理人印章的。

3）投标文件的关键内容字迹模糊，无法辨认的。

4）投标人未按照招标文件的要求提供投标保函或者投标保证金的。

5）组成联合体投标的，投标文件未附联合体各方共同投标协议的。

试一试

3.2-1　投标行为实质上是参与______________的行为，是众多投标单位综合实力的较量。

3.2-2　投标人是指响应____________、参加投标的法人或者其他组织。

3.2-3　投标人的投标工作机构应该由________类人才、________类人才、________类人才组成。

3.2-4　____________能否通过是投标过程中的第一关。

3.2-5　____________是投标人根据招标人的要求及其拟定的文件格式填写的文件，它表明投标人的具体投标意见。

3.2-6　下列排序符合投标程序的是__________。

① 参加标前会议　② 取得招标文件　③ 接受资格预审　④ 编制投标文件

A. ①②③④　　B. ③①②④　　C. ③②①④　　D. ①③②④

3.2-7　开标地点应当为__________。

A. 招标投标管理办公室　　　　B. 招标人所在地
C. 招标人与投标人商议的地点　　　　D. 招标文件中确定的地点

3.3 施工项目合同的订立

知识点导入

合同是当事人之间的协议，合同的订立就是当事人就合同的内容经协商达成协议的过程。工程项目施工合同的订立，是合同当事人权利义务关系得以实现的前提条件。合同反映的是一个动态全过程，始于合同的订立，其后还会涉及合同的履行、变更、索赔、争议、违约责任等诸多环节。只有合同订立，才能启动这些环节。所以，合同的订立具有十分重要的意义。

3.3.1 订立施工项目合同的条件

1）初步设计已经批准。
2）工程项目已经列入年度建设计划。
3）有能够满足施工需要的设计文件和有关技术资料。
4）建设资金和主要建筑材料设备来源已经落实。
5）招标投标工程中标通知书已经下达。

3.3.2 订立施工项目合同的原则

1. 合法的原则

订立施工合同，必须遵守国家法律、行政法规，也要遵守国家的建设计划和强制性的管理规定。只有遵守法律法规，施工合同才受国家法律的保护，合同当事人预期的经济利益目标才有保障。

2. 平等、自愿的原则

合同的当事人都是具有独立地位的法人，他们之间的地位平等，只有在充分协商取得一致的前提下，合同才有可能成立并生效。施工合同当事人一方不得将自己的意志强加给另一方，当事人依法享有自愿订立施工合同的权利，任何单位和个人不得非法干预。

3. 公平、诚实信用的原则

发包人与承包人的合同权利、义务要对等而不能显失公平。施工合同是双务合同，双方都享有合同权利，同时承担相应的义务。在订立施工合同中，要求当事人要诚实，实事求是地向对方介绍自己订立合同的条件、要求和履约能力，充分表达自己的真实意愿，不得有隐瞒、欺诈的成分。

3.3.3 订立施工项目合同的程序

合同的订立必须经过要约和承诺两个阶段。所谓要约是希望与他人订立合同的意思表示，所谓承诺是受要约人接受要约的意思表示。承诺生效时合同成立，也就是说承诺生效的时间即为合同成立的时间。

与一般合同的订立过程一样，施工项目合同的订立也应经过要约和承诺两个阶段。其订立方式有两种：直接发包和招标发包。这两种方式实际上都包含要约和承诺的过程。除某些特殊工程外，工程建设的施工都应通过招标投标的方式选择承包人及签订施工合同。工程招标投标过程中，投标人根据发包人提供的招标文件在约定的报送期内发出的投标文件即为要约，招标人通过评标，向投标人发出中标通知书即为承诺。中标通知书发出30日内，中标人应与建设单位依据招标文件、投标文件等签订施工合同。签订合同的承包人必须是中标人，投标文件中确定的合同条款在签订时不得更改，合同价应与中标价相一致。如果中标人拒绝与建设单位签订合同，则建设单位将不再返还其投标保证金。

3.3.4 施工项目合同的组成及解释顺序

1. 施工项目合同的组成

组成建设工程施工合同的文件包括：

1）施工合同协议书。协议书是契约的一种形式，通常比较简明，主要作为确定签约各方承担义务和拥有权利的文件。

2）中标通知书。中标通知书是业主通知承包商中标的函件，是合同文件的重要组成部分。

3）投标函及其附录。投标函是承包商按照招标文件要求的格式、内容编制提交的总价认可书，也是承包商按照其确定的价格和要求条件实施工程或服务的保证契约。

4）施工合同条款。合同条款是合同中最关键的文件，它具体规定了待实施项目的实施条件。合同条款包括专用合同条款和通用合同条款两部分，专用合同条款优先于通用合同条款。

5）技术标准和要求。

6）图纸。

7）已标价工程量清单或预算书。

8）其他合同文件。

合同履行中，发包人、承包人有关工程的洽商、变更等书面协议或文件视为合同的组成部分。

2. 施工合同文件的解释顺序

构成施工合同的上述文件应该互为解释，互相说明。当合同文件中出现不一致时，施工合同应遵循以下优先解释顺序：协议书、中标通知书、投标函及其附录、专用条款、通用条款、技术标准和要求、图纸、已标价工程量清单或预算书。

当合同文件出现含糊不清或者当事人有不同理解时，按照合同争议的解决方式处理。

3.3.5 无效施工合同的认定

无效施工合同是指虽由发包人与承包人订立，但因违反法律规定而没有法律约束力，国家不予承认和保护，甚至要对违法当事人进行制裁的施工合同。具体而言，施工合同属下列情况之一的，合同无效。

1）没有从事建筑经营资格而签订的合同。

2）超越资质等级所订立的合同。

3）违反国家、部门或地方基本建设计划的合同。

4）未依法取得土地使用权而签订的合同。

5）未取得《建设用地规划许可证》而签订的合同。

6）未取得或违反《建设工程规划许可证》进行建设、严重影响城市规划的合同。

7）应当办理而未办理招标投标手续所订立的合同。

8）非法转包的合同。

9）违法分包的合同。

10）采取欺诈、胁迫的手段所签订的合同。

11）损害国家利益和社会公共利益的合同。

施工合同示范文本

建设部（现住房和城乡建设部）和国家工商行政管理局，于1999年发布了《建设工程施工合同（示范文本）》（GF—1999—0201），由协议书、通用条款和专用条款三部分组成，主要适用于施工总承包合同。该示范文本后于2013年被新的《建设工程施工合同（示范文本）》（GF—2013—0201）替代。

2017年，为规范建筑市场秩序，维护建设工程施工合同当事人的合法权益，住房和城乡建设部、工商总局对《建设工程施工合同（示范文本）》（GF—2013—0201）进行了修订，制定了《建设工程施工合同（示范文本）》（GF—2017—0201），该文件由合同协议书、通用合同条款和专用合同条款三部分组成。

试一试

3.3-1　订立施工项目合同应遵循__________、____________、____________原则。

3.3-2　合同的订立必须经过____________和____________的两个阶段。

3.3-3　施工合同的订立一般情况下应采取____________的方式。

A. 招标　　B. 投标　　C. 招标投标　　D. 协议

3.3-4　建设单位和中标人应当自中标通知书发出________日内，按照招标文件和中标人的投标文件订立书面合同。

A. 15　　B. 30　　C. 45　　D. 50

3.3-5　以下不属于施工合同文件组成的是____________。

A. 投标须知　　B. 合同协议书

C. 合同通用条款　　D. 工程报价单

3.3-6　《建设工程施工合同（示范文本）》（GF—2017—0201）由__________组成。

A. 协议书　　B. 招标文件　　C. 通用条款　　D. 专用条款

E. 中标通知书

3.3-7 施工合同属____________情况的，合同无效。

A. 已依法取得土地使用权而签订的合同

B. 没有从事建筑经营资格而签订的合同

C. 超越资质等级所订立的合同

D. 已办理招标投标手续所订立的合同

E. 采取欺诈、胁迫的手段所签订的合同

3.4 施工项目合同的履行

 知识点导入

施工项目的实施过程实质上就是施工合同的履行过程。在工程施工阶段合同管理的基本目标是全面地完成合同责任，按合同规定的工期、质量、价格要求完成工程。履行合同，才能使合同顺利实施，确保工程圆满完成，因此研究合同履行过程中的问题十分重要。

3.4.1 合同履行的一般规定

1. 合同履行的概念

合同的履行，是指合同当事人双方按照合同规定的内容，全面完成各自承担的义务，实现各自享有的合同权利。合同履行也可概括为完成合同的行为。合同的履行，就其实质来说，是合同当事人在合同生效后，全面、适当地完成合同义务的行为。

2. 合同履行的原则

1）实际履行原则。即合同当事人应按照合同规定的标的履行。除非由于不可抗力，否则签订合同当事人应交付和接受标的，不得任意降低标的物的标准、变更标的物或以货币代替实物。

2）全面履行原则。即合同当事人必须按照合同规定的标的的质量和数量、履行地点、履行价格、履行时间和履行方式等全面地完成各自应当履行的义务。

3）诚实信用原则。即合同当事人在履行合同时，要诚实守信，以善意的方式履行义务，不得滥用权力、规避法律和曲解合同条款等。

4）协作履行原则。即合同当事人应团结协作，相互帮助，共同完成合同的标的，履行各自应尽的义务。

3.4.2 施工合同双方的义务

1. 发包人应承担的义务

1）办理土地征用、拆迁补偿、平整施工场地等工作，使施工场地具备施工条件，并在开工后继续负责解决以上事项的遗留问题。

2）将施工所需水、电、电信线路从施工场地外部接至合同约定地点，保证施工期间的需要。

3）开通施工场地与城乡公共道路的通道，以及合同约定的施工场地内的主要道路，

满足施工运输的需要，保证施工期间的畅通。

4）向承包人提供施工场地的工程地质和地下管线资料，对资料的真实准确性负责。

5）办理施工许可证及其他施工所需证件、批件和临时用地、停水、停电、中断道路交通、爆破作业等的申请批准手续（证明承包人自身资质的证件除外）。

6）确定水准点与坐标控制点，以书面形式交给承包人，进行现场交验。

7）组织承包人与设计单位进行图纸会审和设计交底。

8）协调处理将施工场地周围地下管线和邻近建筑物、构筑物（包括文物保护建筑）、古树名木的保护工作，承担有关费用。

9）双方在合同中约定的发包人应做的其他工作。

发包人可以将上述部分工作委托承包方办理，具体内容由双方在合同中约定，费用由发包人承担。

发包人不按合同约定完成以上义务，导致工期延误或给承包人造成损失的，应赔偿承包人的有关损失，延误的工期也相应顺延。

2. 承包人应承担的义务

1）根据发包人委托，在其设计资质等级和业务允许的范围内，完成施工图设计或与工程配套的设计，经工程师确认后使用，发包人承担由此发生的费用。

2）向工程师提供年、季、月度工程进度计划及相应进度统计报表。

3）根据工程需要，提供和维修非夜间施工使用的照明、围栏设施，并负责安全保卫。

4）按合同约定的数量和要求，向发包人提供施工场地办公和生活的房屋及设施，发包人承担由此发生的费用。

5）遵守政府有关主管部门对施工场地交通、施工噪声以及环境保护和安全生产等的管理规定，按规定办理有关手续，并以书面形式通知发包人，发包人承担由此发生的费用；因承包人责任造成的罚款除外。

6）已竣工工程未交付发包人之前，承包人按合同约定负责已完工程的保护工作，保护期间发生损坏，承包人自费予以修复；发包人要求承包人采取特殊措施保护的工程部位和相应的追加合同价款，双方在合同中约定。

7）按合同约定做好施工场地地下管线和邻近建筑物、构筑物（包括文物保护建筑）、古树名木的保护工作。

8）保证施工场地清洁符合环境卫生管理的有关规定，交工前清理现场达到合同约定的要求，承担因自身原因违反有关规定造成的损失和罚款。

9）双方在合同中约定的承包人应做的其他工作。

承包人不履行上述各项义务，造成发包人损失的，应对发包人的损失给予赔偿。

3.4.3　施工合同跟踪与控制

合同签订以后，合同中各项任务的执行要落实到具体的项目经理部或具体的项目参与人员身上，所以项目经理部或项目参与人即为合同执行者。合同执行者应对合同的履行情况进行跟踪、监督和控制，确保合同义务的完全履行。

1. 施工合同跟踪

对合同执行者而言，应该掌握合同跟踪的以下方面。

（1）合同跟踪的依据　合同跟踪的重要依据是合同以及依据合同而编制的各种计划文件；其次还要依据各种实际工程文件，如原始记录、报表、验收报告等；另外，还要依据管理人员对现场情况的直观了解，如现场巡视、交谈、会议、质量检查等。

（2）合同跟踪的对象

1）承包的任务。这包括工程施工的质量是否符合合同要求；工程进度是否在预定期限内施工，工期有无延长；工程施工任务的数量是否按合同要求全部完成；工程成本有无增加或减少。

2）工程小组或分包人的工程和工作。合同执行者可以将工程施工任务分解交由不同的工程小组或发包给专业分包人完成，因此必须对这些工程小组或分包人及其所负责的工程进行跟踪检查，协调关系，提出意见、建议或警告，保证工程总体质量和进度。

3）业主和其委托的工程师的工作。这包括业主是否及时、完整地提供了工程施工的实施条件，如场地、图样、资料等；业主和工程师是否及时给予了指令、答复和确认等；业主是否及时并足额地支付了应付的工程价款。

2. 合同实施的偏差分析

通过合同跟踪，可能会发现合同实施中存在着偏差，应该及时进行偏差分析。合同实施偏差分析的内容包括：

1）产生偏差的原因分析。通过对合同执行实际情况与实施计划的对比分析，不仅可以发现合同实施的偏差，而且可以探索引起差异的原因。

2）合同实施偏差的责任分析。即分析产生合同偏差的原因是由谁引起的，应由谁承担责任。责任分析必须以合同为依据，按合同规定落实双方的责任。

3）合同实施趋势分析。针对合同实施偏差情况，分析在不同措施下合同执行的结果与趋势，包括：最终的工程状况；承包人将承担的后果；最终工程经济效益水平。

3. 合同实施偏差处理

根据合同实施偏差分析的结果，承包人应该相应采取的调整措施有：

1）组织措施。增加人员投入，调整人员安排，调整工作流程和工作计划等。

2）技术措施。变更技术方案，采用新的高效率的施工方案等。

3）经济措施。增加投入，采取经济激励措施等。

4）合同措施。进行合同变更，签订附加协议，采取索赔手段等。

 小知识

履 约 担 保

所谓履约担保，是指发包人在招标文件中规定的要求承包人提交的保证履行合同义务的担保。履约担保一般有三种形式：银行履约保函、履约担保书和保留金。

银行履约保函是由商业银行开具的担保证明，通常为合同金额的10%左右。履约担保书的担保方式是当承包人在履行合同中违约时，开出担保书的担保公司或者保险公司用该

项担保金去完成施工任务或者向发包人支付该项担保金。工程采购项目保证金提供担保形式的，其金额一般为合同价的30% ~50%。保留金是指在发包人根据合同的约定，每次支付工程进度款时扣除一定数目的款项，作为承包人完成其修补缺陷义务的保证。保留金一般为每次工程进度款的10%，但总额一般应限制在合同总价款的5%（通常最高不得超过10%）。一般在工程移交时，发包人将保留金的一半支付给承包人，质量保险期满1年（一般最高不超过2年）后14天内，将剩下的一半支付给承包人。

试一试

3.4-1 履行合同应遵循________、________、________、________原则。

3.4-2 合同的履行，就其实质来说，是合同当事人在合同生效后，全面、适当地完成________的行为。

3.4-3 针对承包的任务，合同跟踪以________方面为对象。

A. 工程质量、工程进度、工程数量、工程成本

B. 工程质量、工程进度、工程成本

C. 工程质量、工程数量、工程成本

D. 工程质量、工程进度、工程环境、工程成本

3.4-4 出现合同实施偏差，承包人采取的调整措施有________。

A. 组织措施、技术措施、经济措施、管理措施

B. 组织措施、技术措施、经济措施、合同措施

C. 法律措施、技术措施、经济措施、管理措施

D. 组织措施、应急措施、经济措施、合同措施

3.4-5 施工承包合同中，发包人应承担________义务。

A. 组织承包人与设计单位进行图纸会审和设计交底

B. 负责保修期内的工程维修

C. 办理施工许可证及其他施工所需证件、批件

D. 负责对分包的管理

E. 做好施工场地地下管线和邻近建筑物、构筑物（包括文物保护建筑）、古树名木的保护工作

3.4-6 合同实施偏差分析的内容包括________分析。

A. 产生偏差的原因　　B. 合同实施偏差的责任

C. 合同偏差的频率　　D. 合同实施趋势

E. 合同实施偏差的措施

3.4-7 进行施工合同实施趋势分析，应分析合同执行的结果与趋势，包括________。

A. 最终的工程状况　　B. 承包人将承担的后果

C. 最终工程社会效益　　D. 承包人将采取的措施

E. 最终工程经济效益

3.5 施工项目合同的变更、违约、索赔、争议

知识点导入

在工程项目施工过程中，合同的变更、违约、索赔、争议经常发生而且情况复杂，必须引起施工项目管理者的高度重视，这一节我们来学习这些知识。

3.5.1 施工合同的变更

施工合同变更是指在工程施工过程中，根据合同约定对施工的程序，工程的内容、数量、质量要求及标准等做出的变更。

一般工程项目施工合同的变更遵循以下程序：

1. 提出施工合同变更

根据合同实施的实际情况，承包人、业主方、监理方、设计方都可以提出工程变更。

2. 合同变更的批准

承包人提出的合同变更，应该由工程师审查并批准；设计方提出的合同变更，应该与业主协商或经业主审查并批准；业主方提出的合同变更，涉及设计修改的应该与设计单位协商，并一般通过工程师发出；监理方发出合同变更的权力，一般会在施工合同中明确约定，通常在发出变更通知前应征得业主批准。

3. 变更指示的发出及执行

施工合同变更指示的发出有两种形式：书面形式和口头形式。一般情况下要求用书面形式发布变更指示，如果由于情况紧急而来不及发出书面指示，承包人应该根据合同规定要求工程师书面认可。

根据工程惯例，除非工程师明显超越合同权限，否则承包人应无条件地执行变更指示。既使变更价款没有确定，或者承包人对工程师答应给予付款的金额不满意，承包人也必须一边进行变更工作，一边根据合同寻求解决办法。

3.5.2 违约

违约是指合同当事人不履行合同义务或履行义务不符合合同约定条件。当事人一方不履行合同义务或履行义务不符合合同约定的，应当承担违约责任。违约责任的承担方式有：

1. 继续履行

所谓继续履行是当事人一方违约，另一方不愿意解除合同，而坚持要求违约方履行合同约定时，违约方应根据对方的要求，在自己能够履行的条件下，对合同未履行部分继续履行。

2. 采取补救措施

采取补救措施，是违约方所采取的旨在消除违约后果的补救措施。这种责任形式，主要发生在质量不符合约定的情况下。

3. 赔偿损失

违约方在履行义务或者采取补救措施后，对方还有其他损失的，应当赔偿损失。赔偿损失是违约方给对方造成损失时，依法或者根据合同约定赔偿对方所受损失的行为。损失赔偿额应相当于违约造成的损失。当违约相对方不采取措施致使损失扩大时不予赔偿。

4. 支付违约金

违约金是指当事人一方违反合同时应当向对方支付的一定数量的金钱或财物。合同当事人可以约定一方违约时应当根据违约情况向对方支付一定数额的违约金，也可以约定因违约产生的损失赔偿额的计算方法。

5. 执行定金罚则

定金是指合同当事人为了确保合同的履行，根据双方约定，由一方按合同标的额的一定比例预先给付对方的金钱或其他替代物。定金可以由当事人约定，但最高不得超过主合同标的额的20%。定金罚则是指给付定金的一方不履行约定的债务的，无权要求返还定金；收受定金的一方不履行约定的债务的，应当双倍返还定金。

3.5.3　施工索赔

索赔，指在合同履行过程中，对于并非自己的过错，而是由于对方承担责任的情况造成的实际损失，向对方提出经济补偿和（或）工期顺延的要求。

广义地讲，索赔应当是双向的，既可以是承包人向业主的索赔，也可以是业主向承包人提出的索赔。一般称后者为反索赔。此处讲的施工索赔是狭义的索赔，是前者，即承包人向业主的索赔。

施工索赔是承包人由于非自身原因，发生合同规定之外的额外工作或损失时，向业主提出费用或时间补偿要求的活动。施工索赔是法律和合同赋予承包人的正当权利。承包人应当树立起索赔意识，重视索赔，善于索赔。

1. 施工索赔的分类

1）按索赔事件所处合同状态分。可分为正常施工索赔、工程停缓建索赔、解除合同索赔。

2）按索赔依据的范围分。可分为合同内索赔、合同外索赔、道义索赔。

3）按索赔的目的分。可分为工期索赔、费用索赔。

4）按索赔的处理方式分。可分为单项索赔、综合索赔。

2. 施工索赔的程序

承包人向发包人索赔的一般程序如下：

1）索赔事件发生后28天内，向工程师发出索赔意向通知。

2）发出索赔意向通知后28天内，向工程师提出延长工期和（或）补偿经济损失的索赔报告及有关资料。

3）工程师在收到承包人送交的索赔报告及有关资料后，于28天内给予答复，或要求承包人进一步补充索赔理由和证据。

4）工程师在收到承包人送交的索赔报告及有关资料后28天内未予答复或未对承包人

作进一步要求的，视为该项索赔已经认可。

5）当该索赔事件持续进行时，承包人应当阶段性地向工程师发出索赔意向，在索赔事件终了后28天内，向工程师送交索赔的有关资料和最终索赔报告。索赔答复程序与3）、4）规定相同。

3.5.4 争议

合同当事人在履行施工合同时发生争议，通常有协商、调解、仲裁和诉讼四种解决办法。

1. 协商

协商是指合同纠纷时，当事人在自愿友好的基础上，相互沟通、相互谅解，从而解决纠纷的一种方法。合同发生争议时，当事人应首先考虑通过协商的方式解决。事实上，在合同履行过程中，绝大多数争议可以通过协商的方式解决。协商的办法简便易行、迅速及时，能避免当事人经济损失扩大，不伤和气，有利于合作和继续履行合同。

2. 调解

调解是指当发生争议后，由第三者在查明事实、分清是非的基础上，采取说服动员的方法从中调和，使合同当事人双方相互得到谅解，得以解决争议的一种活动。

调解的主持人必须是合同当事人以外的第三者。调解的对象是经济争议或民事纠纷，不能是刑事案件。调解只能采取动员的办法，说服当事人平息争端，不能采取强制、欺骗、胁迫等手段。

3. 仲裁

仲裁是当事人双方在争议发生前或争议发生后达成协议，自愿将争议交给第三者做出裁决，并负有自动履行义务的一种解决争议的方式。这种争议解决方式必须是自愿的，因此必须有仲裁协议。

在国内外商事交往中，仲裁已成为各国普遍公认的解决争议最有效的手段。仲裁的优越性主要体现在：当事人双方的自治意思得到充分体现；仲裁一般不公开；仲裁省时间、费用少。

当事人选择仲裁后，仲裁机构做出的裁决是终局的，具有法律效力，当事人必须执行。如果一方不执行的，另一方可向有管辖权的人民法院申请强制执行。

4. 诉讼

诉讼是指合同当事人依法请求人民法院行使审判权，审理双方之间发生的合同争议，做出有国家强制保证实现其合法权益的审判，从而解决合同争议的活动。合同当事人如果未约定仲裁协议，则只能以诉讼作为解决争议的最终方式。

 小知识

ADR 方式

在国际工程承包合同纠纷中，尤其是涉及较大项目的建筑施工纠纷，当事人普遍不愿意将纠纷提交诉讼，而是倾向于通过在合同中规定的ADR（非诉讼纠纷解决程序）解决

纠纷。国际工程承包合同争议解决常用的ADR方式有以下几种。

① 仲裁。大型的建筑工程，特别是国际贷款项目，常常在合同中要求将纠纷提交有关国际仲裁机构。仲裁已广泛运用于国际工程承包合同纠纷中。

② FIDIC合同条件下的工程师准仲裁。工程师具有准仲裁的职能，在发包人和承包人发生纠纷时充当准仲裁员的角色。

③ DRB（纠纷审议委员会）方式。工作程序是现场访问、纠纷提交、听证会和解决纠纷建议书。

④ NEC（新工程合同）裁决程序。包括早期预警程序、补偿事件程序、裁决人程序。

试一试

3.5-1　施工合同变更应遵循的一般程序是：________________、________________、________________。

3.5-2　定金罚则是指给付定金的一方不履行约定的债务的，____________；收受定金的一方不履行约定的债务的，____________。

3.5-3　施工索赔是__________由于非自身原因，发生合同规定之外的额外工作或损失时，向业主提出费用或时间补偿要求的活动。

3.5-4　施工合同变更是指在工程施工过程中，根据合同约定对__________，工程的内容、数量、质量要求及标准等做出的变更。

A. 施工程序　　B. 施工环境　　C. 施工规范　　D. 施工措施

3.5-5　承包人在索赔事件发生后__________天以内，应向工程师提出索赔意向通知。

A. 7　　B. 14　　C. 21　　D. 28

3.5-6　承担违约责任的方式有____________。

A. 继续履行　　B. 采取补救措施　　C. 赔偿损失　　D. 支付违约金

E. 执行定金罚则

3.5-7　施工索赔按依据的范围分类，可分为__________。

A. 合同内索赔　　B. 工期索赔　　C. 合同外索赔　　D. 道义索赔

E. 费用索赔

3.5-8　合同当事人在履行施工合同时发生争议，通常有__________解决办法。

A. 沟通　　B. 协商　　C. 调解　　D. 仲裁

E. 诉讼

案例分析

1. 背景

某建筑公司（乙方）于某年5月20日与某厂（甲方）签订了修建建筑面积为2800m^2工业厂房（带地下室）的施工合同。乙方编制的施工方案和进度计划已获监理工程师批准。该工程的基坑施工方案规定：土方工程采用租赁一台斗容量为1m^3的反铲挖掘机施工。甲、乙双方合同约定6月11日开工，6月20日完工。在实际施工中发生如下几项事件：

(1) 因租赁的挖掘机大修，晚开工2天，造成人员窝工10个工日。

(2) 基坑开挖后，因遇软土层，接到监理工程师6月15日停工的指令，进行地质复查，配合用工15个工日。

(3) 6月19日接到监理工程师于6月20日复工令，6月20日~6月22日，因下罕见的大雨迫使基坑开挖暂停，造成人员窝工10个工日。

(4) 6月23日用30个工日修复冲坏的永久道路，6月24日恢复正常挖掘工作，最终基坑于6月30日挖坑完毕。

2. 问题

(1) 简述工程施工索赔的程序。

(2) 该建筑公司对上述哪些事件可以向甲方要求索赔，哪些事件不可以要求索赔，并说明原因。

(3) 每项事件工期索赔各是多少天？总计工期索赔是多少天？

3. 分析

(1) 我国《建设工程施工合同（示范文本)》规定的施工索赔程序如下：

1) 索赔事件发生后28天内，向工程师发出索赔意向通知。

2) 发出索赔意向通知后28天内，向工程师提出延长工期和（或）补偿经济损失的索赔报告及有关资料。

3) 工程师在收到承包人送交的索赔报告及有关资料后，于28天内给予答复，或要求承包人进一步补充索赔理由和证据。

4) 工程师在收到承包人送交的索赔报告及有关资料后28天内未予答复或未对承包人作进一步要求的，视为该项索赔已经认可。

5) 当该索赔事件持续进行时，承包人应当阶段性地向工程师发出索赔意向，在索赔事件终了后28天内，向工程师送交索赔的有关资料和最终索赔报告。

(2) 事件1：索赔不成立。因为该事件发生原因属承包商自身责任。

事件2：索赔成立。因为施工地质条件的变化是一个有经验的承包商所无法合理预见的。

事件3：索赔成立。这是因特殊反常的恶劣天气造成工程延误。

事件4：索赔成立。因恶劣的自然条件或不可抗力引起的工程损坏及修复应由业主承担责任。

(3) 事件2：索赔工期5天（6月15日~6月19日）

事件3：索赔工期3天（6月20日~6月22日）

事件4：索赔工期1天（6月23日）

共计索赔工期为：5天+3天+1天=9天

实训练习题

1. 背景

某建筑公司（乙方）于某年4月20日与某厂（甲方）签订了修建建筑面积为3 000m^2

工业厂房（带地下室）的施工合同，乙方编制的施工方案和进度计划已获监理工程师批准。该工程的基坑开挖土方量为4 500m^3，假设单价为4.2元/m^3。该基坑施工方案规定：土方工程采用租赁1台斗容量为1m^{3}的反铲挖掘机施工（租赁费450元/台班）。甲、乙双方合同约定5月11日开工，5月20日完工，在实际施工中发生了如下几项事件：

（1）因租赁的挖掘机大修，晚开工2天，造成人员窝工10个工作日。

（2）施工过程中，因遇软土层，接到监理工程师5月15日停工的指令，进行地质复查，配合用工15个工作日。

（3）5月19日接到监理工程师的“5月20日复工令”，同时提出基坑开挖深度加深2m的设计变更通知单，由此增加土方开挖量900m^3。

（4）5月20日~5月22日，因下大雨迫使基坑开挖暂停，造成人员窝工10个工作日。

（5）5月23日用30个工日修复冲坏的永久道路，5月24日恢复挖掘工作，最终基坑于5月30日开挖完毕。

2. 问题

（1）上述哪些事件建筑公司可以向厂方要求索赔？哪些事件不可以要求索赔？并说明原因。

（2）每项事件工期索赔各是多少天？总计工期索赔多少天？

（3）假设人工费单价为23元/工日，因增加用工所需的管理费为增加人工费的30%，则合理的费用索赔总额是多少？

单元小结

本单元首先介绍了建设工程施工合同和合同管理的基本知识，如合同、建设工程合同、建设工程施工合同以及施工项目合同管理的基本概念。建设工程施工合同即建筑安装工程承包合同，是建设工程的主要合同之一，是发包人与承包人为完成商定的建筑安装工程，明确双方权利和义务的协议。施工项目合同管理是对工程施工合同的编制、签订、实施、变更、索赔和终止等的管理活动。

其次，又讲述了施工项目投标的基本理论，使学生了解了施工项目投标的概念、投标人的要求、投标工作机构的成员组成和投标程序。再次，又讲述了施工项目合同的订立，如订立施工项目合同的条件和原则、订立施工项目合同必须经过要约和承诺两个阶段以及施工项目合同的组成及解释顺序：协议书、中标通知书、投标书及其附件、专用条款、通用条款、标准规范及有关技术文件、图样、工程量清单、工程报价单或预算书。

另外，本单元还讲述了施工项目合同的履行，包括合同履行的概念和原则、发包人和承包人应承担的义务、施工合同跟踪、合同实施的偏差分析和合同实施偏差处理。

最后，讲述了施工合同的变更、违约、索赔和争议，如合同变更遵循的程序、违约责任的承担方式、施工索赔的分类和程序以及争议的解决办法。

单元4

施工项目进度管理

知识储备

为便于本单元内容的学习与理解，需要横道图、工程网络计划技术、施工组织设计等相关专业知识的支持。

4.1 施工项目进度管理概述

知识点导入

工程项目，特别是大型重点建设项目，工期要求十分紧迫，施工方的工程进度压力非常大。如果不正常有效地施工，盲目赶工，难免会出现施工质量问题、安全问题以及增加施工成本，因此要使工程项目保质、保量、按期完成，施工方就应进行科学的进度管理。

4.1.1 施工项目进度管理的概念

1. 进度管理的定义

施工项目进度管理是为实现预定的进度目标而进行的计划、组织、指挥、协调和控制等活动。即在限定的工期内，确定进度目标，编制出最佳的施工进度计划，在执行进度计划的施工过程中，经常检查实际施工进度，并不断地用实际进度与计划进度相比较，确定实际进度是否与计划进度相符。若出现偏差，便分析产生的原因和对工期的影响程度，找出必要的调整措施，修改原计划，如此不断地循环，直至工程竣工验收。

2. 进度管理过程

施工进度管理过程是一个动态的循环过程。它包括进度目标的确定，编制进度计划和进度计划的跟踪检查与调整。其基本过程如图 4-1 所示。

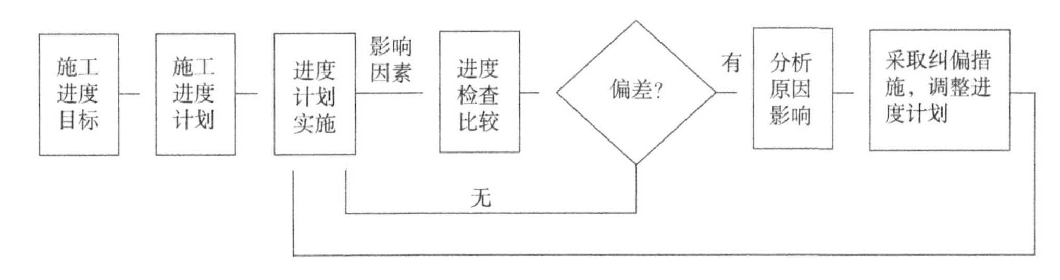

图4-1　施工进度管理过程

4.1.2　进度管理的措施

施工进度管理的措施主要有组织措施、管理措施、经济措施和技术措施。

1. 组织措施

组织是目标能否实现的决定性因素，为实现项目的进度目标，应健全项目管理的组织体系，具体包括：在项目组织结构中，应由专门的工作部门和符合进度管理岗位资格的专人负责进度管理工作；进度管理的工作任务和管理职能应在任务分工表和管理职能分工表中标示并落实；应编制施工进度的工作流程，如确定施工进度计划系统的组成及各类进度计划的编制程序、审批程序和计划调整程序等；应进行有关进度管理会议的组织设计，以明确会议的类型、召开时间、主持人、参加单位和人员，以及各类会议文件的整理、分发和确认等。

2. 管理措施

管理措施涉及管理思想、管理方法、承发包模式、合同管理和风险管理等。树立正确的管理观念，包括进度计划系统观念、动态管理观念、进度计划多方案比较和选优的观念；运用科学的管理方法，工程网络计划的方法有利于实现进度管理的科学化；选择合适的承发包模式；重视合同管理在进度管理中的应用；采取风险管理措施。

3. 经济措施

经济措施涉及编制与进度计划相适应的资源需求计划和加快施工进度的经济激励措施。

4. 技术措施

技术措施涉及选用对实现施工进度目标有利的设计技术和施工技术。

4.1.3　施工进度目标

1. 施工进度管理的总目标

施工进度管理以实现施工合同约定的竣工日期为最终目标。作为一个施工项目，总有一个时间限制，即为施工项目的竣工时间。而施工项目的竣工时间就是施工阶段的进度目标。有了这个明确的目标以后，才能进行针对性的进度管理。

在确定施工进度目标时，应考虑的因素有：项目总进度计划对项目施工工期的要求、项目建设的特殊要求、已建成的同类或类似工程项目的施工期限、建设单位提供资金的保证程度、施工单位可能投入的施工力量、物资供应的保证程度、自然条件及运输条件等。

小知识

影响施工项目进度的责任和处理

工程进度的推迟一般分为工程延误和工程延期两种，其责任及处理方法不同。由于承包单位自身的原因造成的进度拖延，称为工程延误；由于承包单位以外的原因造成的进度拖延，称为工程延期。

如果是工程延误，则所造成的一切损失由承包单位承担。如果是工程延期，则承包单位不仅有权要求延长工期，而且还有权向业主提出赔偿费用的要求以弥补由此造成的额外损失。

2. 进度目标体系

按照《建设工程项目管理规范》（GB/T 50326—2017）的规定，企业管理层根据经营方针在《项目管理目标责任书》中确定项目经理部的进度管理目标。施工项目进度管理的总目标确定后，还应对其进行层层分解，形成相互制约、相互关联的目标体系。施工项目进度的目标是从总的方面对项目建设提出的工期要求，但在施工活动中，是通过对最基础的分部分项工程的施工进度管理，来保证各单位工程、单项工程或阶段工程进度管理的目标完成，进而实现施工项目进度管理总目标的完成。

施工阶段进度目标可根据施工阶段、施工单位、专业工种和时间进行分解。

（1）按施工阶段分解　根据施工项目的特点，把整个施工分成几个阶段，如土建工程可分为基础工程、主体工程、屋面工程及装修工程。每个施工阶段的起止时间都要有明确的界限，即施工进度控制节点，以此作为施工形象进度的控制标志，以实现施工进度的控制节点来确保施工进度总目标的实现。

（2）按施工单位分解　若项目由多个施工单位参加施工，则要以总进度计划为依据，确定各单位的分包目标，并通过分包合同落实各单位的分包责任，以各分包目标的实现来保证总目标的实现。

（3）按专业工种分解　只有控制好每个施工过程完成的质量和时间，才能保证各分部工程进度的实现。因此，既要对同专业、同工种的任务进行综合平衡，又要强调不同专业工种间的衔接配合，明确相互间的交接日期。

（4）按时间分解　将施工总进度计划分解成逐年、逐季、逐月的进度计划。

4.1.4 影响进度的因素

工程项目施工过程是一个复杂的运作过程，涉及面广，影响因素多，任何一个方面出现问题，都可能对工程项目的施工进度产生影响。为此，应分析了解这些影响因素，并尽可能加以控制，通过有效的进度管理来弥补和减少这些因素产生的影响。影响施工进度的主要因素有以下几方面。

影响进度的人为因素

1. 参与单位和部门的影响

影响项目施工进度的单位和部门众多，包括建设单位、设计单位、总承包单位，以及施工单位上级主管部门、政府有关部门、银行信贷单位、资源物资供应部门等。只有做好有关单位的组织协调工作，才能有效地控制项目施工进度。

2. 施工技术因素

项目施工技术因素主要有：低估项目施工技术上的难度；采取的技术措施不当；没有考虑某些设计或施工问题的解决方法；对项目设计意图和技术要求没有全部领会；在应用新技术、新材料或新结构方面缺乏经验，盲目施工导致出现工程质量缺陷等。

3. 施工组织管理因素

施工组织管理因素主要有施工平面布置不合理，劳动力和机械设备的选配不当，流水施工组织不合理等。

4. 项目投资因素

因资金不能保证而影响项目施工进度。

5. 项目设计变更因素

项目设计变更因素主要有建设单位改变项目设计功能，项目设计图样错误或变更等。

6. 不利条件和不可预见因素

在项目施工中，可能遇到洪水、地下水、地下断层、溶洞或地面深陷等不利的地质条件，也可能出现恶劣的气候条件、自然灾害、工程事故、政治事件、工人罢工或战争等不可预见的事件，这些因素都将影响项目施工进度。

试一试

4.1-1　施工项目进度管理是在限定的工期内，确定________，编制出最佳的________，在执行进度计划的施工过程中，经常__________，并不断地用实际进度与计划进度相比较，确定实际进度是否与计划进度相符。若出现________，便分析产生的原因和对工期的影响程度，找出必要的__________，修改原计划，如此不断地循环，直至工程竣工验收。

4.1-2　施工进度管理以实现____________________为最终目标。

4.1-3　影响施工进度的主要因素有__________、__________、__________、__________、__________和__________。

4.1-4　施工进度管理过程是一个________的循环过程。

A. 反复　B. 动态　C. 经常　D. 主动

4.1-5　编制施工进度的工作流程是一种__________。

A. 组织措施　B. 管理措施　C. 经济措施　D. 技术措施

4.1-6　施工进度管理过程包括__________。

A. 进度目标的确定　B. 编制进度计划

C. 进度计划的跟踪检查与调整　D. 编制施工进度报告

E. 建立进度管理的会议制度

4.1-7　树立正确的管理观念，包括__________。

A. 进度计划系统观念　B. 动态管理的观念

C. 进度计划多方案比较和选优的观念　D. 进度计划科学化的观念

E. 进度计划现代化的观念

4.1-8　进度管理的经济措施包括__________。

A. 经济激励措施　B. 风险管理　C. 资金需求计划

D. 承发包模式的选择　　　　E. 合同管理

4.1-9　施工阶段进度目标可根据__________进行分解。

A. 施工阶段　　B. 施工程序　　C. 施工单位

D. 专业工种　　E. 时间

4.2　施工项目施工进度计划

知识点导入

施工进度计划对施工顺序、起止时间、搭接关系进行综合安排。它的目标是实现合同工期，它也是控制工期的主要依据。编制一份科学合理的施工进度计划，是实现进度管理的首要前提。这一节我们来学习施工进度计划的基本知识。

4.2.1　施工进度计划的分类

施工进度计划是在确定工程施工目标工期的基础上，根据相应的工程量，对各项施工过程的施工顺序、起止时间和相互衔接关系以及所需的劳动力和各种技术物资的供应所做的具体策划和统筹安排。

根据不同的划分标准，施工进度计划可以分为不同的种类。它们组成了一个相互关联、相互制约的计划系统。按不同的计划深度划分，可以分为总进度计划、项目子系统进度计划与项目子系统中的单项工程进度计划；按不同的计划功能划分，可以分为控制性进度计划、指导性进度计划与实施性（操作性）进度计划；按不同的计划周期划分，可以分为5年建设进度计划与年度、季度、月度和旬计划。

4.2.2　施工进度计划的表达方式

施工进度计划的表达方式有多种，在实际施工中，主要用横道图和网络图来表达进度计划。

1. 横道图

横道图是结合时间坐标线，用一系列水平线段来分别表示各施工过程的施工起止时间和先后顺序的图表。这种表达方式简单明了、直观易懂，但是也存在一些问题，如：工序（工作）之间的逻辑关系不易表达清楚；适用于手工编制计划；没有通过严谨的时间参数计算，不能确定关键线路与时差；计划调整只能用手工方式进行，其工作量较大；难以适应大的进度计划系统。

【例4-1】 某工程项目划分为支模版、绑扎钢筋和浇混凝土三个施工过程，分三个施工段组织流水施工，$t_{支}=3$ 天，$t_{绑}=2$ 天，$t_{浇}=1$ 天，绘制成用横道图表示的施工进度计划，如图4-2所示。

2. 网络图

网络图是指由箭线和节点组成，用来表示工作流程的有向、有序的网状图形。这种表达方式具有以下优点：能正确地反映工序（工作）之间的逻辑关系；进行各种时间参数计

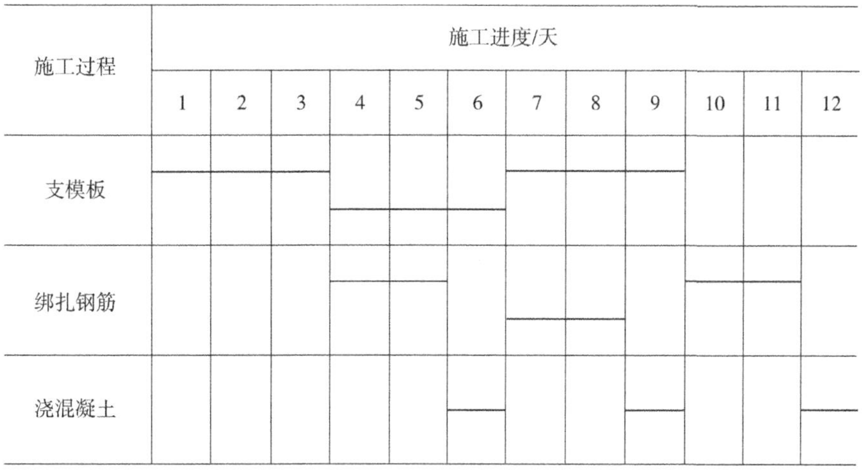

施工过程
施工进度/天
1
2
3
4
5
6
7
8
9
10
11
12
支模板
绑扎钢筋
浇混凝土

图 4-2　横道图

算，确定关键工作、关键线路与时差；可以用电子计算机对复杂的计划进行计算、调整与优化。网络图分为有单代号网络图和双代号网络图，较常用的是双代号网络图。双代号网络图是以箭线及其两端节点的编号表示工作的网络图。图 4-3 为将例 4-1 绘制成用双代号网络图表示的施工进度计划。

1
支模1
3
2
支模2
3
4
支模3
3
扎筋1
2
3
5
扎筋2
2
6
8
扎筋3
2
浇混凝土1
1
7
浇混凝土2
1
9
浇混凝土3
1
10

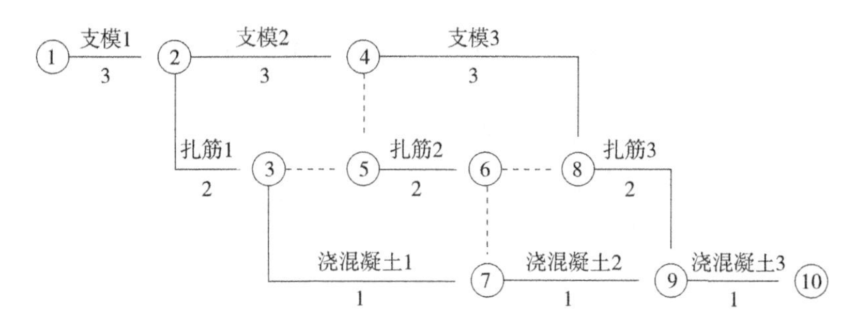

图 4-3　双代号网络图

4.2.3　施工进度计划的编制

编制施工进度计划是在满足合同工期要求的情况下，对选定的施工方案、资源的供应情况、协作单位配合施工情况等所进行的综合研究和周密部署。具体的编制步骤和方法如下。

1. 划分施工过程

编制施工进度计划时，首先必须研究施工过程的划分，再进行有关内容的计算和设计。施工过程划分应考虑下述要求。

1）施工过程划分的粗细程度的要求。对于控制性施工进度计划，其施工过程的划分可以粗一些；对于指导性施工进度计划，其施工过程的划分可以细一些。

2）对施工过程进行适当合并，达到简明清晰的要求。为了使计划简明清晰、突出重点，一些次要的施工过程应合并到主要施工过程中去，有些虽然重要但工程量不大的施工过程也可与相邻的施工过程合并，同一时期由同一工种施工的施工项目也可合并在一起。

3）施工过程划分的工艺性要求。现浇钢筋混凝土施工，一般现浇框架结构分项可细一些，在砖混结构工程中可合并为一项；抹灰工程的列项，外墙抹灰一般只列一项，也可分别列项，室内的各种抹灰应分别列项；施工过程的划分，应考虑所选择的施工方案。

4）区分直接施工与间接施工。直接在拟建工程的工作面上施工的项目，经过适当合并后均应列出；不在现场施工而在工作面之外完成的项目，如各种构件在场外预制及其运输工程，一般可不必列项。

2. 计算工程量

工程量应根据施工图样、有关计算规则及相应的施工方法进行计算。计算时应注意工程量的计量单位，注意所采用的施工方法，并结合施工组织的要求，正确取用预算文件中的工程量。

3. 套用施工定额

套用国家或当地颁布的定额，必须注意结合本单位工人的技术等级、实际施工技术操作水平、施工机械情况和施工现场条件等因素，确定完成定额的实际水平。

4. 劳动量和机械台班量的确定

根据计算的工程量和实际采用的定额水平，即可计算出劳动量及机械台班量。

$$P_i = Q_i/S_i \text{ 或 } P_i = Q_iH_i$$

式中 P_i——施工过程所需劳动量或机械台班量；

Q_i——施工过程的工程量；

S_i——施工过程采用的产量定额；

H_i——施工过程采用的时间定额。

 小知识

施工组织设计

施工组织设计是规划和指导拟建工程施工全过程各项活动的综合性技术经济文件。一般情况下，施工组织设计的内容包括以下几个主要方面：工程概况、施工方案、施工进度计划、施工准备工作及各项资源需用量计划、施工平面图、主要技术组织措施、各项技术经济指标。

5. 计算施工过程的持续时间

施工过程持续时间的计算方法一般有经验估计法、定额计算法和倒排计划法。

1）经验估计法是根据过去的经验进行估计，一般适用于采用新工艺、新材料等无定额可循的工程。为了提高其准确程度，可采用“三时估计法”。即先估计出完成该施工过程的最乐观时间、最悲观时间和最可能时间，通过计算三种施工时间的平均数来确定该施工过程的工作持续时间。

2）定额计算法就是根据施工过程需要的劳动量或机械台班量，以及配备的劳动人数或机械台数，来确定其工作持续时间。

$$t_i = P_i/(R_i b_i)$$

式中　t_i——施工过程持续时间；

P_i——施工过程所需的劳动量或机械台班量；

R_i——施工过程所配备的施工班组人数或机械台数；

b_i——每天采用的工作班制。

3）倒排计划法是根据施工的工期要求，先确定施工过程的持续时间及工作班制，再确定施工班组人数或机械台数。

6. 初排施工进度

上述各项计算内容确定之后，即可编制施工进度计划的初步方案。一般的编制方法有根据施工经验直接安排的方法和按工艺组合组织施工的方法。

7. 编制正式的施工进度计划

施工进度计划初步方案编出后，应根据上级要求、合同规定、经济效益及施工条件等，先检查各施工过程之间的施工顺序是否合理、工期是否满足要求、资源需用量是否均衡，然后进行调整，直至满足要求，正式形成施工进度计划。

试一试

4.2-1　施工进度计划是在确定工程施工目标工期的基础上，根据相应的工程量，对各项施工过程的__________、__________和____________以及所需的劳动力和各种技术物资的供应所做的具体策划和统筹安排。

4.2-2　__________是结合时间坐标线，用一系列水平线段来分别表示各施工过程的施工起止时间和先后顺序的图表。

4.2-3　__________是指由箭线和节点组成，用来表示工作流程的有向、有序的网状图形。

4.2-4　某砌体结构工程基槽人工挖土量为600m^3，查得产量定额为3.5m^3/工日，则完成基槽挖土所需的劳动量为__________工日。

A. 151　　B. 161　　C. 171　　D. 181

4.2-5　某工程混凝土垫层浇筑所需劳动量为536工日，每天采用三班制，每班安排20人施工，则完成混凝土垫层的施工持续时间为__________天。

A. 6　　B. 9　　C. 12　　D. 15

4.2-6　一个施工项目可以由__________等构成不同功能的进度计划系统。

A. 总进度计划　　B. 控制性进度计划

C. 指导性进度计划　　D. 实施性进度计划

E. 5年建设进度计划

4.2-7　与网络计划相比较，横道图具有____________特点。

A. 适用于手工编制计划

B. 工作之间的逻辑关系表达清楚

C. 能够确定计划的关键工作和关键线路

D. 调整工作量大

E. 适应大型项目的进度计划系统

4.2-8 施工过程划分应考虑__________。

A. 施工过程划分的粗细程度的要求

B. 对施工过程进行适当合并，达到简明清晰的要求

C. 施工过程划分的工艺性要求

D. 区分直接施工与间接施工

E. 正确取用预算文件中的工程量

4.3 施工项目施工进度计划的审核与实施

知识点导入

工程项目进度计划实施检查的步骤

施工项目进度计划编制之后，应进行进度计划的实施。进度计划的实施就是落实并完成进度计划，用施工项目进度计划指导施工活动。如何实施施工项目进度计划，这将是我们所要讲授的内容。

4.3.1 施工项目进度计划的审核

在施工项目进度计划的实施之前，为了保证进度计划的科学合理性，必须对施工项目进度计划进行审核。审核的内容主要有以下方面：

1）安排是否与施工合同相符，是否符合施工合同中开工、竣工日期的规定。

2）进度计划中的项目是否有遗漏，内容是否全面，分期施工的是否满足分期交工要求和配套交工要求。

3）顺序的安排是否符合施工工艺、施工程序的要求。

4）供应计划是否均衡并满足进度要求。劳动力、材料、构配件、设备及施工机具、水电等生产要素的供应计划是否能保证施工进度的实现，供应是否均衡、需求高峰期是否有足够能力实现计划供应。

5）总分包间的计划是否协调、统一。总包、分包单位分别编制的各项施工进度计划之间是否相协调，专业分工与计划衔接是否明确合理。

6）实施进度计划的风险是否分析清楚并有相应的对策。

7）保证进度计划实现的措施是否周到、可行、有效。

4.3.2 施工项目进度计划的实施

施工项目进度计划的实施就是落实施工进度计划，按施工进度计划开展施工活动并完成施工项目进度计划。为保证项目各项施工活动按施工进度计划所确定的顺序和时间进行，以及保证各阶段进度目标和总进度目标的实现，应做好下面的工作：

1）检查各层次的计划，并进一步编制月（旬）作业计划。施工项目的施工总进度计

划、单位工程施工进度计划、分部分项工程施工进度计划，都是为了实现项目总目标而编制的，其中高层次计划是低层次计划编制和控制的依据，低层次计划是高层次计划的深入和具体化。在贯彻执行时，要检查各层次计划间是否紧密配合、协调一致，计划目标是否层层分解、互相衔接，在施工顺序、空间及时间安排、资源供应等方面有无矛盾，以组成一个可靠的计划体系。

为实施施工进度计划，项目经理部将规定的任务与现场实际施工条件和施工的实际进度相结合，在施工开始前和实施中不断编制本月（旬）的作业计划，从而使施工进度计划更具体、更切合实际、更适应不断变化的现场情况和更可行。在月（旬）计划中要明确本月（旬）应完成的施工任务、完成计划所需的各种资源量，以提高劳动生产率，保证质量和节约资源。

2）综合平衡，做好主要资源的优化配置。施工项目不是孤立完成的，它必须由人、财、物（材料、机具、设备等）诸资源在特定地点有机结合才能完成。同时，项目对诸资源的需要又是错落起伏的，因此施工企业应在各项目进度计划的基础上进行综合平衡，编制企业的年度、季度、月（旬）计划，将各项资源在项目间动态组合，优化配置，以保证满足项目在不同时间对诸资源的需求，从而保证施工项目进度计划的顺利实施。

3）层层签订承包合同，并签发施工任务书。按前面已检查过的各层次计划，以承包合同和施工任务书的形式，分别向分包单位、承包队和施工班组下达施工进度任务。其中，总承包单位与分包单位、施工企业与项目经理部、项目经理部与各承包队和职能部门、承包队与各作业班组间应分别签订承包合同，按计划目标明确规定合同工期、相互承担的经济责任、权限和利益。

另外，要将月（旬）作业计划中的每项具体任务通过签发施工任务书的方式向班组下达施工任务书。施工任务书是一份计划文件，也是一份核算文件，又是原始记录。它把作业计划下达到班组，并将计划执行与技术管理、质量管理、成本核算、原始记录、资源管理等融合为一体。施工任务书一般由工长根据计划要求、工程数量、定额标准、工艺标准、技术要求、质量标准、节约措施、安全措施等为依据进行编制。任务书下达给班组时，由工长进行交底。交底内容为：交任务、交操作规程、交施工方法、交质量、交安全、交定额、交节约措施、交材料使用、交施工计划、交奖罚要求等，做到任务明确，报酬预知，责任到人。施工班组接到任务书后，应做好分工，安排完成，执行中要保质量、保进度、保安全、保节约、保工效提高。任务完成后，班组自检，在确认已经完成后，向工长报请验收。工长验收时查数量、查质量、查安全、查用工、查节约，然后回收任务书，交施工队登记结算。

4）全面实行层层计划交底，保证全体人员共同参与计划实施。在施工进度计划实施前，必须根据任务进度文件的要求进行层层交底落实，使有关人员都明确各项计划的目标、任务、实施方案、预控措施、开始日期、结束日期、有关保证条件、协作配合要求等，使项目管理层和作业层能协调一致工作，从而保证施工生产按计划、有步骤、连续均衡地进行。

5）做好施工记录，掌握现场实际情况。在计划任务完成的过程中，各级施工进度计划的执行者都要跟踪做好施工记录。在施工中，如实记载每项工作的开始日期、工作进程和完成日期，记录每日完成数量、施工现场发生的情况和干扰因素的排除情况，可为施工项目进度计划实施的检查、分析、调整、总结提供真实、准确的原始资料。

6）做好施工中的调度工作。施工中的调度即是在施工过程中针对出现的不平衡和不协调进行调整，以不断组织新的平衡，建立和维护正常的施工秩序。它是组织施工中各阶段、环节、专业和工种的互相配合、进度协调的指挥核心，也是保证施工进度计划顺利实施的重要手段。其主要任务是监督和检查计划实施情况，定期组织调度会，协调各方协作配合关系，采取措施，消除施工中出现的各种矛盾，加强薄弱环节，实现动态平衡，保证作业计划及进度控制目标的实现。

调度工作必须以作业计划与现场实际情况为依据，从施工全局出发，按规章制度办事，必须做到及时、准确、果断灵活。

7）预测干扰因素，采取预控措施。在项目实施前和实施过程中，应经常根据所掌握的各种数据资料，对可能致使项目实施结果偏离进度计划的各种干扰因素进行预测，并分析这些干扰因素所带来的风险程度的大小，预先采取一些有效的控制措施，将可能出现的偏离尽可能消灭于萌芽状态。

 小知识

关 键 工 作

关键工作指的是网络计划中总时差最小的工作。当计划工期等于计算工期时，总时差为零的工作就是关键工作。关键线路是自始至终全部由关键工作组成的线路或线路上总的工作持续时间最长的线路。

当计算工期不能满足工期要求时，可通过压缩关键工作的持续时间以满足工期要求。在选择缩短持续时间的关键工作时，宜考虑：缩短持续时间对质量和安全影响不大的工作；有充足备用资源的工作；缩短持续时间所需增加的费用最少的工作。

试一试

4.3-1 施工项目进度计划的实施就是____________，______________施工项目进度计划。

4.3-2 施工项目进度计划逐步实施的过程就是____________逐步完成的过程。

4.3-3 为实施施工进度计划，项目经理部在施工开始前和实施中不断编制________，从而使施工进度计划更具体、更切合实际、更适应不断变化的现场情况和更可行。

A. 施工总进度计划 B. 单位工程施工进度计划
C. 分部分项工程施工进度计划 D. 月（旬）作业计划

4.3-4 实施进度计划时，应综合平衡、做好主要资源的________。

A. 优化配置 B. 合理需求 C. 经济储备 D. 有机结合

4.3-5 按已检查过的各层次进度计划，以__________的形式，分别向分包单位、承包队和施工班组下达施工进度任务。

A. 承包合同　　B. 施工任务书　　C. 施工组织设计　　D. 施工进度目标

4.3-6　施工任务书是＿＿＿＿＿。

A. 规划文件　　B. 计划文件　　C. 预算文件　　D. 核算文件

E. 原始记录

4.3-7　在施工进度计划实施前，必须根据任务进度文件的要求进行层层交底落实，使有关人员都明确＿＿＿＿＿，使项目管理层和作业层能协调一致工作。

A. 目标、任务　　B. 开始日期、结束日期

C. 实施方案　　D. 预控措施

E. 有关保证条件

4.4　施工项目施工进度计划的检查与调整

知识点导入

在施工项目的实施过程中，必须检查实际进度，将实际进度与计划进度相比较，若出现偏差，分析进度偏差产生的影响，及时采取措施进行调整。施工项目进度计划的检查与调整非常重要，是施工项目进度管理的主要环节。

4.4.1　施工项目进度计划的检查

在施工项目的实施过程中，为了进行施工进度管理，进度管理人员应经常性地、定期地跟踪检查施工实际进度情况，主要是收集施工项目进度材料，进行统计整理和对比分析，确定实际进度与计划进度之间的关系。其主要工作包括下列内容。

1. 跟踪检查施工实际进度

跟踪检查施工实际进度是分析施工进度、调整施工进度的前提，其目的是收集实际施工进度的有关数据。跟踪检查的时间、方式、内容和收集数据的质量，将直接影响控制工作的质量和效果。

进度计划检查应按统计周期的规定进行定期检查，并应根据需要进行不定期检查。进度计划的定期检查包括规定的年、季、月、旬、周、日检查，不定期检查指根据需要由检查人（或组织）确定的专题（项）检查。检查应包括的内容有：工程量的完成情况，工作时间的执行情况，资源使用及与进度的匹配情况，上次检查提出问题的整改情况以及检查者确定的其他检查内容。检查和收集资料的方式一般采用经常、定期地收集进度报表方式，定期召开进度工作汇报会，或派驻现场代表检查进度的实际执行情况等。

2. 整理统计检查数据

对收集到的施工项目实际进度数据，要进行必要的整理，按施工进度计划管理的工作项目内容进行统计整理，形成与计划进度具有可比性的数据。一般可以按实物工程量、工作量和劳动消耗量以及累计百分比整理和统计实际检查的数据，以便与相应的计划完成量对比。

3. 将实际进度与计划进度进行对比分析

将收集的资料整理和统计成具有与计划进度可比性的数据后，用施工项目实际进度与计划进度进行比较。通常采用的比较方法有横道图比较法、S形曲线比较法、香蕉形曲线比较法、前锋线比较法等。

（1）横道图比较法　横道图比较法是把项目施工中检查实际进度收集的信息，经整理后直接用横道线并列标于原计划的横道线处，进行直观比较的一种方法。这种方法简明直观，编制方法简单，使用方便，是人们常用的方法。

【例4-2】 某钢筋混凝土基础工程，分三段组织流水施工时，其施工的实际进度与计划进度比较，如图4-4所示。

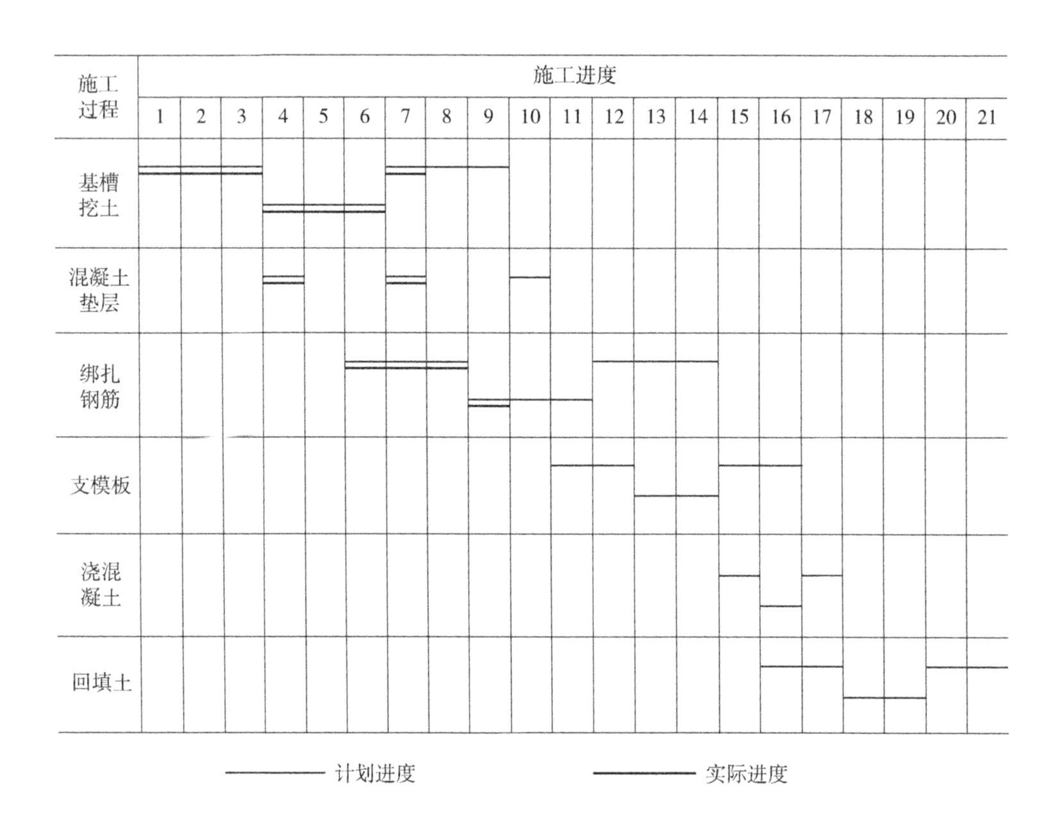

图4-4　某钢筋混凝土基础工程施工实际进度与计划进度比较图

从比较中可以看出：第10天末进行施工进度检查时，基槽挖土施工应在检查的前一天全部完成，但实际进度仅完成了7天的工程量，约占计划总工程量的77.8%，尚未完成而拖后的工程量约占计划总工程量的22.2%；混凝土垫层施工也应全部完成，但实际进度仅完成了2天的工程量，约占计划总工程量的66.7%，尚未完成而拖后的工程量约占计划总工程量的33.3%；绑扎钢筋施工按计划进度要求应完成5天的工程量，但实际进度仅完成了4天的工程量，占计划完成量的80%（约为绑扎钢筋总工程量的44.4%），尚未完成而拖后的工程量占计划完成量的20%（约为绑扎钢筋总工程量的11.1%）。

（2）S形曲线比较法　S形曲线比较法是在一个以横坐标表示进度时间，纵坐标表示累计完成任务量的坐标体系上，首先按计划时间和任务量绘制一条累计完成任务量的曲线（即S形曲线），然后将检查时施工进度的实际完成任务量也绘在此坐标上，并与S形曲线进行比较的一种方法。

对于大多数工程项目来说，从整个施工全过程来看，其单位时间消耗的资源量，通常是中间多而两头少，即资源的投入开始阶段较少，随着时间的增加而逐渐增多，在施工中的某一时期达到高峰后又逐渐减少直至项目完成，其变化过程可用图4-5a表示。而随着时间进展累计完成的任务量便形成一条中间陡而两头平缓的S形变化曲线，故称S形曲线，如图4-5b所示。

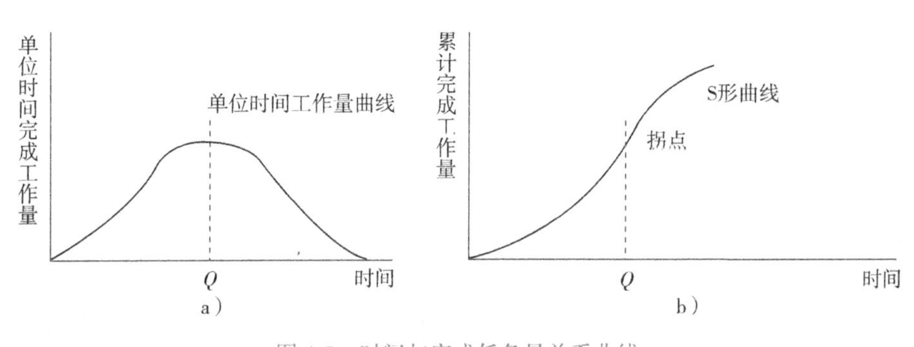

图4-5　时间与完成任务量关系曲线

a）单位时间完成工作量　b）累计完成工作量

（3）香蕉形曲线比较法　香蕉形曲线实际上是两条S形曲线组合成的闭合曲线，如图4-6所示。一般情况下，任何一个施工项目的网络计划，都可以绘制出两条具有同一开始时间和同一结束时间的S形曲线：其一是计划以各项工作的最早开始时间安排进度所绘制的S形曲线，简称ES曲线；其二是计划以各项工作的最迟开始时间安排进度所绘制的S形曲线，简称LS曲线。由于两条S形曲线都是相同的开始点和结束点，因此两条曲线是封闭的。除此之外，ES曲线上各点均落在LS曲线相应时间对应点的左侧，由于这两条曲线形成一个形如香蕉的曲线，故称此为香蕉形曲线。只要实际完成量曲线在两条曲线之间，则不影响总的进度。

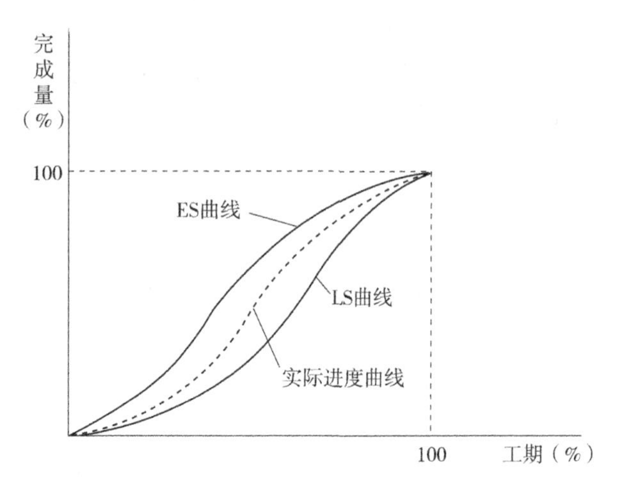

图4-6　香蕉形曲线比较图

（4）前锋线比较法　前锋线比较法是通过某检查时刻施工项目实际进度前锋线，进行施工项目实际进度与计划进度比较的方法，它主要适用于时标网络计划。所谓前锋线是指在原时标网络计划上，从检查时刻的时标点出发，用点画线依次将各项工作实际进展位置点连接而成的折线。前锋线比较法就是按前锋线与工作箭线交点的位置判定施工实际进度与计划进度的偏差。凡前锋线与工作箭线的交点在检查日期的右方，表示提前完成计划进度；若其点在检查日期的左方，表示进度拖后；若其点与检查日期重合，表明该工作实际进度与计划进度一致。

4. 施工进度检查结果的处理

对施工进度检查的结果要形成进度报告，把检查比较的结果及有关施工进度现状和发展趋势提供给项目经理及各级业务职能负责人。进度报告的内容包括：进度执行情况的综合描述，实际进度与计划进度的对比资料，进度计划的实施问题及原因分析，进度执行情况对质量、安全和成本等的影响情况，采取的措施和对未来计划进度的预测。进度报告可以单独编制，也可以根据需要与质量、成本、安全和其他报告合并编制，提出综合进展报告。

4.4.2 施工项目进度计划的调整

1. 分析进度偏差产生的影响

当实际进度与计划进度进行比较，判断出现偏差时，首先应分析该偏差对后续工作和对总工期的影响程度，然后才能决定是否调整以及调整的方法与措施，具体分析步骤如下。

国际工程项目进度管理中需要注意的事项

1）分析出现进度偏差的工作是否为关键工作。若出现偏差的工作为关键工作，则无论偏差大小，都将影响后续工作按计划施工，并使工程总工期拖后，这时必须采取相应措施调整后期施工计划，以便确保计划工期；若出现偏差的工作为非关键工作，则需要进一步根据偏差值与总时差和自由时差进行比较分析，才能确定对后续工作和总工期的影响程度。

2）分析进度偏差时间是否大于总时差。若某项工作的进度偏差时间大于该工作的总时差，则将影响后续工作和总工期，必须采取措施进行调整；若进度偏差时间小于或等于该工作的总时差，则不会影响工程总工期，但是否影响后续工作，尚需分析此偏差与自由时差的大小关系才能确定。

3）分析进度偏差时间是否大于自由时差。若某项工作的进度偏差时间大于该工作的自由时差，说明此偏差必然对后续工作产生影响，调整方法应根据后续工作的允许影响程度而定；若进度偏差时间小于或等于该工作的自由时差，则对后续工作毫无影响，不必调整。

小知识

时差的概念

总时差指的是在不影响总工期的前提下，本工作可以利用的机动时间。自由时差指的是在不影响其紧后工作最早开始时间的前提下，本工作可以利用的机动时间。总时差等于各紧后工作的总时差的最小值与本工作的自由时差之和。

2. 施工项目进度计划的调整方法

在对实施的进度计划分析的基础上，应确定调整原计划的方法，一般主要有以下几种。

1）改变某些工作之间的逻辑关系。在工作之间的逻辑关系允许改变的条件下，若检查的实际施工进度产生的偏差影响了总工期，可改变关键线路和超过计划工期的非关键线路上的有关工作之间的逻辑关系，达到缩短工期的目的。用这种方法调整的效果是很显著的。例如，可以把依次进行的有关工作改成平行的或相互搭接的，以及分成几个施工段进行流水施工等，都可以达到缩短工期的目的。

2）缩短某些工作的持续时间。这种方法是不改变工作之间的逻辑关系，而是缩短某些工作的持续时间，使施工进度加快，并保证实现计划工期的方法。那些被压缩持续时间的工作是位于由于实际施工进度的拖延而引起总工期增长的关键线路和某些非关键线路上的工作，同时又是可压缩持续时间的工作。这种方法实际上就是采用网络计划优化的方法，不再赘述。

3）资源供应的调整。如果资源供应发生异常（供应满足不了需要），应采用资源优化方法对计划进行调整，或采取应急措施，使其对工期影响最小化。

4）增减工程量。增减工程量主要是指改变施工方案、施工方法，从而导致工程量的增加或减少。

5）起止时间的改变。起止时间的改变应在相应工作时差范围内进行。每次调整必须重新计算时间参数，观察该项调整对整个施工计划的影响。调整时可采用下列方法：将工作在其最早开始时间和其最迟完成时间范围内移动；延长工作的持续时间；缩短工作的持续时间。

试一试

4.4-1 进度计划检查应按统计周期的规定进行__________，并应根据需要进行__________。

4.4-2 进度计划检查应包括的内容有：__________，__________，__________，__________以及检查者确定的其他检查内容。

4.4-3 进度报告的内容包括：__________，__________，__________，__________，__________。

4.4-4 __________是指在原时标网络计划上，从检查时刻的时标点出发，用点画线依次将各项工作实际进展位置点连接而成的折线。

A. 横道线　　B. 工作箭线　　C. 前锋线　　D. S形曲线

4.4-5 将实际进度与计划进度进行对比分析，通常采用的比较方法有__________。

A. 横道图比较法　　B. 网络图比较法

C. S形曲线比较法　　D. 香蕉形曲线比较法

E. 前锋线比较法

4.4-6 分析进度偏差产生的影响，应分析__________。

A. 总时差是否大于自由时差　　B. 进度偏差时间是否大于总时差

C. 进度偏差时间是否大于自由时差　　D. 出现进度偏差的工作是否为关键工作

E. 进度偏差时间是否大于工期

4.4-7 施工项目进度计划的调整方法，一般主要有__________。

A. 改变某些工作间的逻辑关系　　B. 缩短某些工作的持续时间
C. 资源供应的调整　　D. 增减工程量
E. 起止时间的改变

案例分析

1. 背景

已知网络计划如图 4-7 所示，在第 5 天检查时，发现 A 工作已完成，B 工作已进行 1 天，C 工作已进行 2 天，D 工作尚未开始。

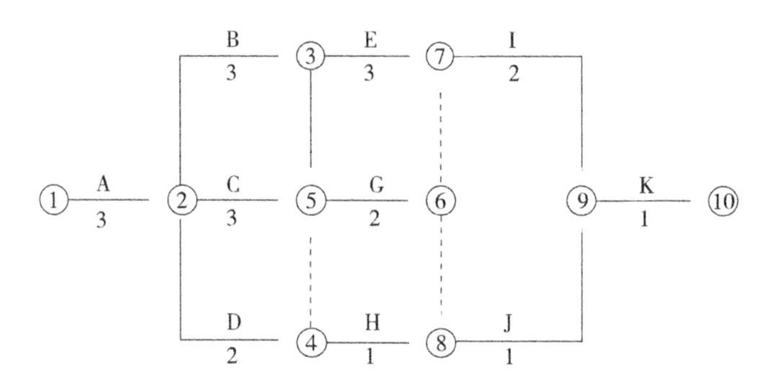

图 4-7　某施工项目网络计划图

2. 问题

（1）绘制实际进度前锋线记录实际进度执行情况。

（2）对实际进度与计划进度对比分析，填写网络计划检查结果分析表。

（3）根据检查结果绘制未调整前的双代号时标网络图。

（4）若要求按原工期目标完成，不允许拖延工期，试绘制调整后的双代号时标网络图。

3. 分析

（1）绘制实际进度前锋线（图 4-8）。

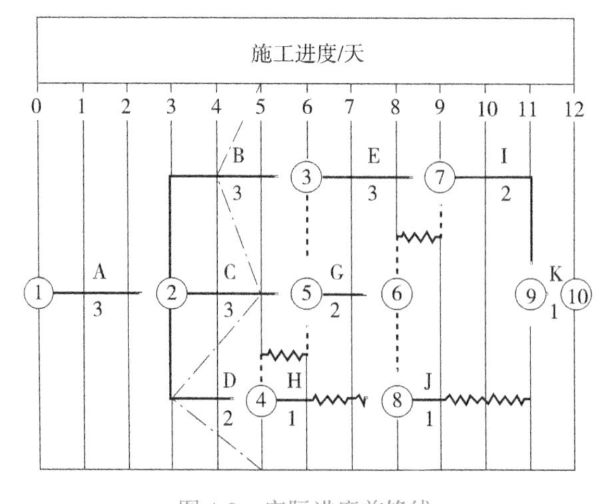

图 4-8　实际进度前锋线

所谓前锋线是指在原时标网络计划上，从检查时刻的时标点出发，用点画线依次将各项工作实际进展位置点连接而成的折线。

(2) 填写网络计划检查结果分析表（表4-1）。

表4-1　网络计划检查结果分析表

工作代号	工作名称	检查计划时尚需作业天数	到计划最迟完成时尚有天数	原有总时差/天	尚有总时差/天	情况判断
2-3	B	3-1=2	6-5=1	0	1-2=-1	影响工期1天
2-5	C	3-2=1	7-5=2	1	2-1=1	正常
2-4	D	2-0=2	7-5=2	2	2-2=0	正常

检查计划时尚需作业天数=工作持续时间-工作已进行时间

到计划最迟完成时尚有天数=工作最迟完成时间-检查时间

尚有总时差=到计划最迟完成时尚有天数-检查计划时尚需作业天数

(3) 绘制检查后、未调整前的双代号时标网络图（图4-9）。

(4) 绘制调整后的双代号时标网络图（图4-10）。

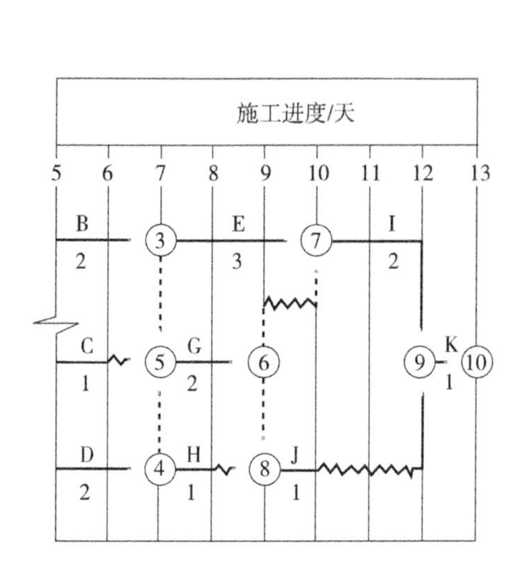

图4-9　检查后、未调整前的双代号时标网络计划

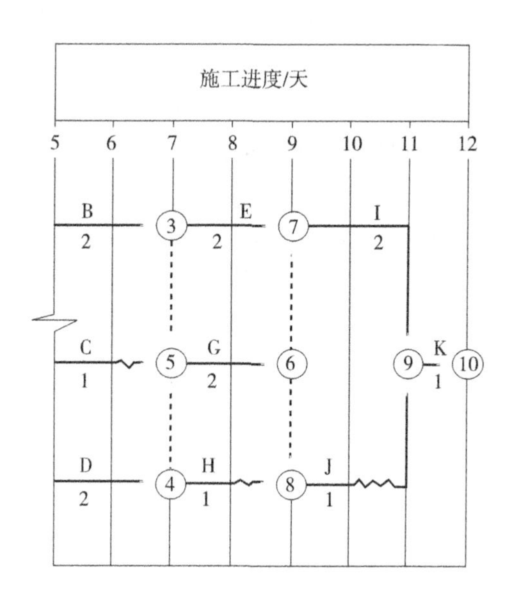

图4-10　调整后的双代号时标网络计划

实训练习题

1. 背景

某施工项目的网络计划见图4-11，图中箭线之下括弧外的数字为正常持续时间，括弧内的数字是最短持续时间，箭线之上是每天的费用。当工程进行到第95天进行检查时，节点⑤之前的工作全部完成，工程延误了15天。

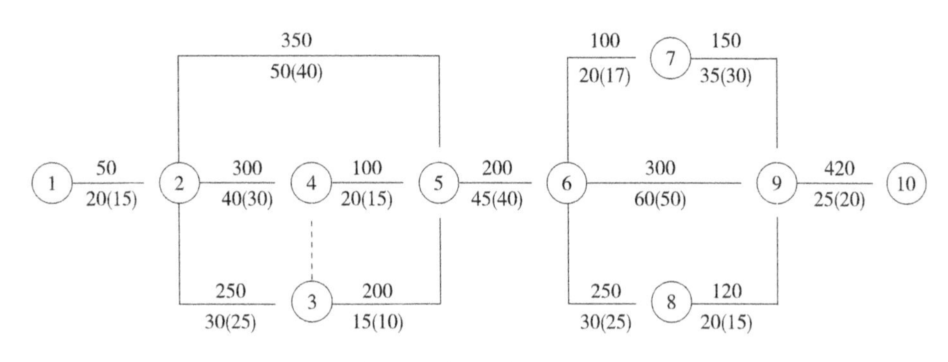

图 4-11 待调整的网络计划

2. 问题

要在以后的时间进行赶工，确保按原工期目标完成，问怎样赶工才能使增加的费用最少？

单元小结

本单元首先介绍了施工项目进度管理的基本概念，使我们了解了进度管理的定义，进度管理过程是一个动态的循环过程，施工进度管理的措施主要有组织措施、管理措施、经济措施和技术措施，以及影响进度的因素。其次，又讲述了施工项目施工进度计划的基本知识，包括：施工进度计划的分类，进度计划的表达方式主要有横道图和网络图以及施工进度计划的编制步骤和方法。另外，还讲述了施工项目进度计划的实施，包括在进度计划的实施之前先对进度计划进行审核，以及实施进度计划时必须做好的工作。最后，讲述了施工项目进度计划的检查和控制。在施工项目的实施过程中，跟踪检查施工实际进度，整理统计检查数据，将实际进度与计划进度进行对比分析，施工进度检查结果的处理。通常采用的比较方法有横道图比较法、S 形曲线比较法、香蕉形曲线比较法、前锋线比较法等。进行施工项目进度计划的调整时，首先分析进度偏差产生的影响，再确定施工项目进度计划的调整方法。

单元5

施工项目质量管理

知识储备

为便于本单元内容的学习与理解，需要质量管理手册、ISO 质量标准、施工技术等相关专业知识的支持。

5.1 施工项目质量管理概述

知识点导入

某安装公司承接一项设备安装工程的施工任务，为了降低成本，项目经理通过关系购进质量低劣廉价的设备安装管道，并隐瞒了建设单位和监理单位。工程完工后，通过验收交付使用单位使用，但过了保修期后大批用户管道漏水。

问题：为避免出现质量问题，施工单位应事前对哪些因素进行控制?

5.1.1 质量管理的概念

1. 质量的概念

质量有广义与狭义之分，狭义的质量是指产品的自身质量；广义的质量是指除产品自身质量外，还包括形成产品全过程的工序质量和工作质量。

（1）产品质量　产品质量是指满足相应设计和使用的各项要求所具备的特性，它一般包括以下五种特性。

1）适用性。即功能，指产品所具有满足相应设计和各项使用要求的各种性能。

2）可靠性。指产品具有的坚实稳固的性能，并能满足抗风、抗震等自然力的要求。

3）耐久性。即寿命，指产品在材料和构造上满足防水、防腐要求，从而满足使用寿命要求的属性。

4）美观性。指产品在布局和造型上满足人们精神需求的属性。

5）经济性。指产品在形成过程中和交付使用后的经济节约属性。

（2）工序质量　工序质量是人、机械设备、材料、方法和环境综合地对产品质量起作用的过程中所体现的产品质量。

（3）工作质量　工作质量是指所有工作对工程达到和超过质量标准、减少不合格品、满足用户需要所起到保证作用的程度。

一般来说，产品质量、工序质量、工作质量三者存在以下关系：工作质量决定工序质量，而工序质量又决定产品质量；产品质量是工序质量的目的，而工序质量又是工作质量的目的。因此，必须通过保证和提高工作质量，并在此基础上达到工程项目施工质量，最终生产出达到设计要求的产品。

2. 影响建设工程质量的主要因素

影响建设工程质量的因素很多，但归纳起来主要有五方面，即人（Man）、材料（Material）、机械设备（Machine）、方法（Method）、环境（Environment），简称4M1E因素，如图5-1所示。

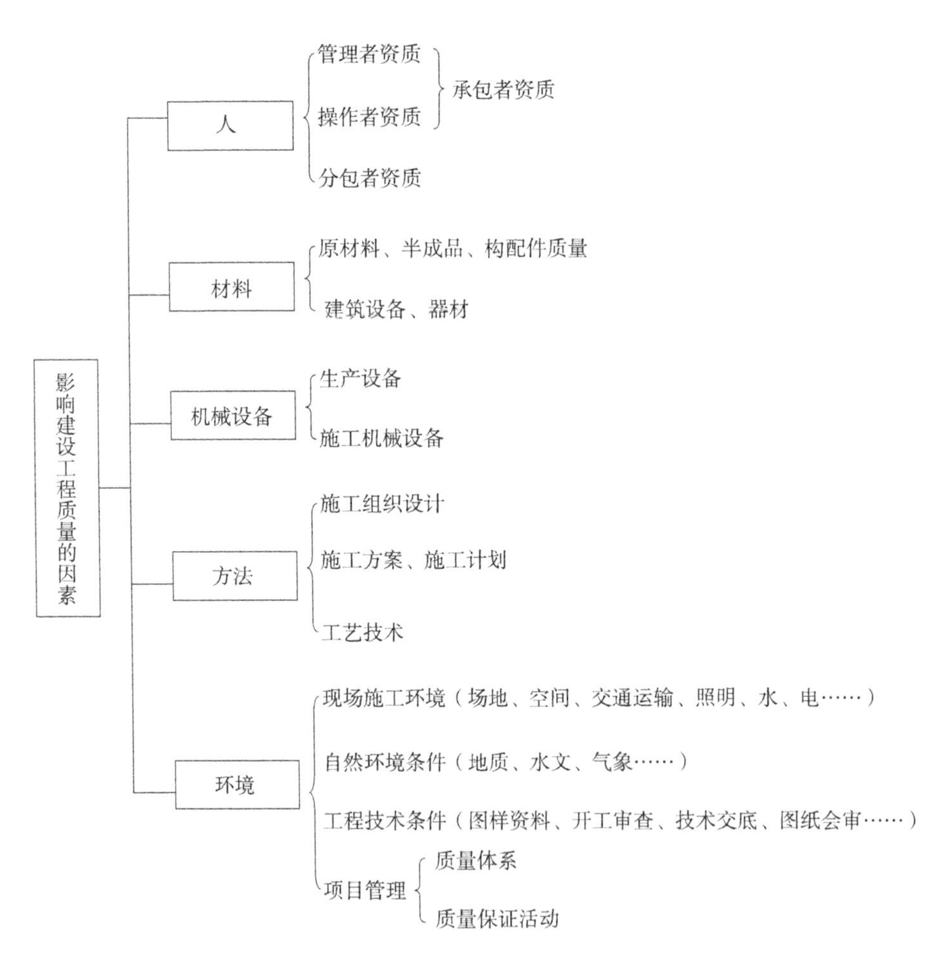

图5-1　影响建设工程质量的因素

（1）人　即人的文化水平、技术水平、决策能力、管理能力、组织能力、作业能力、控制能力、身体素质及职业道德等，这些方面都将直接或间接地对规划、决策、勘察、设计和施工的质量产生影响，所以人员因素是影响工程质量的一个重要因素。因此，建筑企业实行经营资质管理和各类专业人员持证上岗制度是保证人员素质的重要管理措施。

（2）材料 材料是指构成工程实体的各类建筑材料、构配件、半成品等，工程材料选用是否合理、产品是否合格、材质是否经过检验、保管是否得当等，都将直接影响建设工程实体的结构强度和刚度，影响工程的外表及观感，甚至是工程的适用性和安全性。

（3）机械设备 机械设备可分为两种：一是组成工程实体及配套的工艺设备和各类机具，如电梯、泵机、通风设备等，它们构成了建筑设备安装工程，形成完整的使用功能；二是指施工过程中使用的各类机具设备，如大型垂直与水平运输设备、各类操作工具、各类施工安全设施、各类测量仪器和计量器具等，它们是施工生产的手段。工程用机具设备及其产品质量的优劣，直接影响工程使用功能质量；施工机具设备的类型是否符合施工特点，性能是否先进稳定，操作是否方便安全等，也都将影响工程项目的质量。

（4）方法 方法是指工艺方法、操作方法和施工方案。在施工过程中，施工工艺是否先进，施工操作是否正确，施工方案是否合理，都将对工程质量产生重大的影响。因此，大力推广新工艺、新方法、新技术，不断提高工艺技术水平，是保证工程质量稳定提高的重要途径。

（5）环境 环境是指对工程质量特性起重要作用的环境因素，包括工程技术环境、工程作业环境、工程管理环境、周边环境等。坚强环境管理，改进作业环境，把握技术环境，辅以必要的措施，是控制环境对质量影响的重要保证。

小知识

一个替人割草打工的男孩子打电话给一位陈太太说：“您需不需要割草？”

陈太太说：“不需要了，我已请了割草工。”

男孩又说：“我会帮您拔掉花丛中的杂草。”

陈太太回答：“我的割草工也做到了。”

男孩又说：“我会帮您把草与走道的四周割齐。”

陈太太说：“我请的那个人也已做了，谢谢你，我不需要新的割草工人。”

男孩便挂了电话，此时男孩的室友问他说：“你不是就在陈太太那儿割草打工吗？为什么还要打这样的电话？”

男孩说：“我只是想知道我做得有多好！”

这个事故告诉我们：施工企业是建筑工程质量的自控方，应秉承质量是企业生命这一原则，方可在市场竞争中立于不败之地。

3. 质量管理的概念

质量管理，是指企业为保证和提高产品质量，为用户提供满意的产品而进行的一系列管理活动。

质量管理的发展，一般认为经历了三个阶段，即质量检验阶段、统计质量管理阶段和全面质量管理阶段。

（1）质量检验阶段（1920—1940） 质量检验是一种专门的工序，是从生产过程中独立出来的对产品进行严格的质量检验为主要特征的工序。其目的是通过对最终产品的测试与质量对比，剔除次品，保证出厂产品的质量是合格的。

质量检验的特点：事后控制，对废品的产生缺乏预防和控制，无法把质量问题消灭在产品设计和生产过程中，是一种功能较差的管理方法。

（2）统计质量管理阶段（1940—1950） 统计质量管理阶段是第二次世界大战初期发展起来的，主要是运用数理统计的方法，对生产过程中影响质量的各种因素实施质量控制，从而保证产品质量。

统计质量管理的特点：事中控制，即对产品生产的过程控制，从事后控制发展到预防为主，预防与检验相结合的阶段，但统计质量管理过分强调统计工具，忽视了人的因素和管理工作对质量的影响。

（3）全面质量管理阶段（20世纪60年代到现在） 全面质量管理是在质量检验和统计质量管理的基础上，按照现代生产技术发展的需要，以系统的观点来看待产品质量，注重产品的设计、生产、售后服务全过程的质量管理。

全面质量管理的特点：事前控制，预防为主，能对影响质量的各类因素进行综合分析并进行有效控制。

以上三个阶段的本质区别是：质量检验阶段靠的是事后把关，是一种防守型的质量管理；统计质量管理主要靠在生产过程中对产品质量进行控制，把可能发生的质量问题消灭在生产过程之中，是一种预防型的质量管理；全面质量管理是保留了前两者的长处，对整个系统采取措施，不断提高质量，是一种进攻型或全攻全守的质量管理。

4. 质量管理常用的统计方法

（1）调查表法 又称统计调查分析法，是收集和整理数据用的统计表，利用这些统计表对数据进行整理，并可粗略地进行原因分析。常用的检查表有工序分布检查表、缺陷位置检查表、不良项目检查表、不良因素检查表等。

（2）分层法 又称分类法，是将调查搜集的原始数据，根据不同的目的和要求，按某一性质进行分组、整理的分析方法。

（3）排列图法 又称主次因素分析图法或称巴列特图，它是由两个纵坐标、一个横坐标、几个直方图和一条曲线所组成，利用排列图寻找影响质量主次因素的方法叫排列图法。

（4）直方图法 又称频数分布直方图法，是将搜集到的质量数据进行分组整理，绘制成频数分布直方图，用以描述质量分布状态的一种分析方法。根据直方图可掌握产品质量的波动情况，了解质量特征的分布规律，以便对质量状况进行分析判断。

（5）因果分析图法 又称特性要因图，是用因果分析图来整理分析质量问题（结果）与其产生原因之间关系的有效工具。

（6）控制图法 又称管理图，是在直角坐标系内画有控制界限，描述生产过程中产品质量波动状态的图形。利用控制图区分质量波动原因，判断生产工序是否处于稳定状态的方法即为控制图法。

（7）散布图法 又称相关图法，在质量管理中它是用来显示两种质量数据之间关系的一种图形。质量数据之间的关系多属相关关系，一般有三种类型：一是质量特性和影响因素之间的关系；二是质量特性和质量特性之间的关系；三是影响因素和影响因素之间的关系。

5.1.2　施工项目质量管理的概念和特点

施工项目质量管理是指围绕着项目施工阶段的质量管理目标进行的策划、组织、控制、协调、监督等一系列管理活动。

施工项目质量管理的工作核心是保证工程达到相应的技术要求；工作的依据是相应的技术规范和标准；工作的效果取决于工程符合设计质量要求的程度；工作的目的是提高工程质量，使用户和企业都满意。

由于施工项日涉及面广、过程极其复杂、项目位置固定、生产流动，再加上结构类型不一、质量要求不一、施工方法不一等特点，因此施工项目的质量更难控制，主要表现在以下方面。

1）影响质量的因素多。如地形、地质、水文、气象、材料、机械、施工工艺、操作方法、技术措施、管理水平等，都会影响施工项目的质量。

2）容易产生质量变异。如材料性能微小的差异、机械设备正常的磨损、操作上微小的差异、环境微小的变化等，都会引起偶然性因素的质量变异；材料的品种、规格有误，操作不按规程，机械故障等，则会出现系统性因素的质量变异。

3）容易产生第一、第二判断错误。如把合格产品判定为不合格产品，称为第一类判断错误；把不合格产品判定为合格产品，称为第二类判断错误。

4）质量检查不能解体、拆卸。

5）质量受投资、进度的制约。

5.1.3　施工项目质量控制的原则

1）坚持“质量第一，用户至上”的原则。

2）以人为核心的原则。

3）以预防为主的原则。

4）坚持质量标准，一切用数据说话的原则。

5）贯彻科学、公正、守法的职业规范。

5.1.4　质量管理的基本原理及其运转特点

1. 基本原理

计划（P）、实施（D）、检查（C）、处理（A）四个阶段是人们在管理实践过程中形成的基本理论方法，并应严格按照科学的程序运转。

（1）计划阶段　就是通过市场调查及用户要求，制订出质量目标计划，经过分析和诊断确定达到这些目标的具体措施和方法。其具体包含四个步骤。

第一步：分析现状，找出影响质量的主要问题。

第二步：分析产生质量问题的各种影响因素。

第三步：从中找出影响质量问题的主要因素。

第四步：针对影响质量的主要因素，制订措施，提出改进计划，并预计其效果。措施和活动计划应该具体、明确，如：为什么要制订这个措施；制订这个措施的目的是什么；这个措施在什么地方执行；这个措施在什么时间执行；这个措施由谁来执行；这个措施采用什么方法来执行等。

（2）实施阶段　就是按照计划和方法去实施。这个阶段只有一个步骤。

第五步：执行计划。

（3）检查阶段　就是对照计划与执行结果，检查执行效果，及时发现问题，不断总结经验。这个阶段也只有一个步骤。

第六步：检查计划实施效果。

（4）处理阶段　就是总结经验，制定相应的标准、规程、制度等加以固定，作为今后工作的依据。对于遗留问题，作为改进的目标。这个阶段有两个步骤。

第七步：根据检查结果总结经验，制定出标准或制度，以便遵照执行。

第八步：将遗留问题转入下一循环。

2. 运转特点

（1）周而复始，循环不停　PDCA 循环是一个科学管理循环，每次循环都会把质量管理活动向前推进一步，如图 5-2 所示。

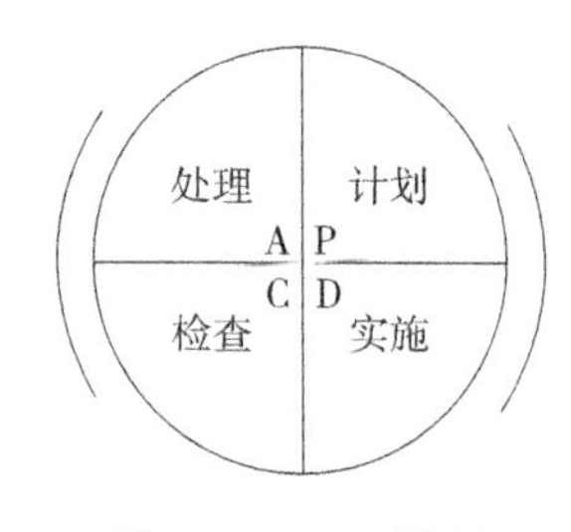

图 5-2　PDCA 循环

（2）步步高　PDCA 循环每一次都在原水平上提高一步，每一次都有新的内容和目标，就像爬楼梯一样，步步高，如图 5-3所示。

（3）大环套小环　PDCA 循环由许多大大小小的环嵌套组成，大环就是整个施工企业，小环就是施工队，各环之间互相协调、互相促进，如图 5-4 所示。

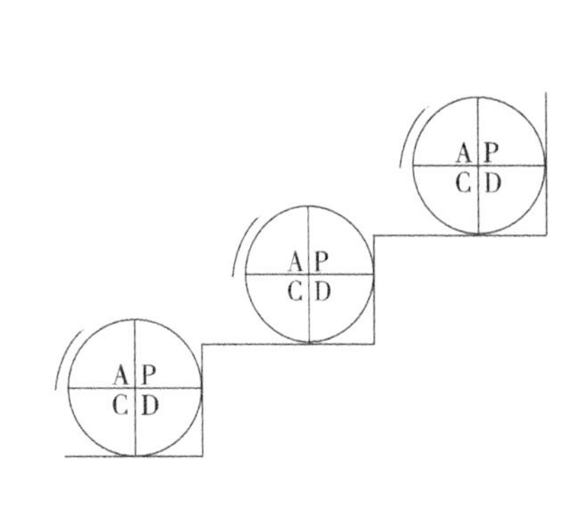

图 5-3　PDCA 循环提高过程示图

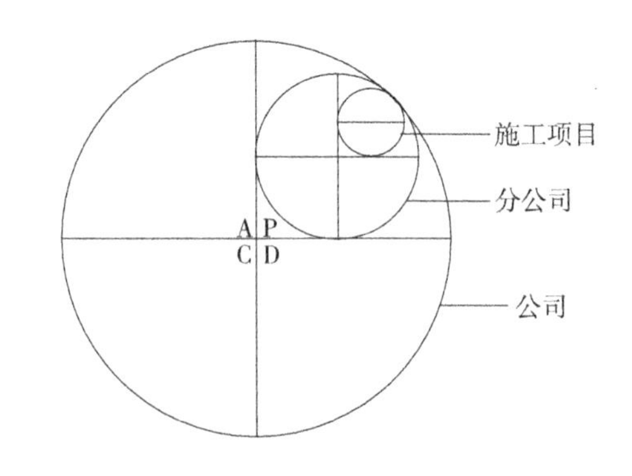

图 5-4　PDCA 循环关系图

 试一试

5. 1-1　形成合格而无用途的建筑产品，从根本上是社会资源的极大浪费，它不具备

质量的__________特征。

A. 安全性　　B. 适用性　　C. 可靠性　　D. 耐久性

5.1-2　施工项目质量管理中产生第一判断错误是______________；第二判断错误是______________。

5.1-3　质量管理的发展经历了三个阶段，即________、________和________。

5.1-4　影响工程质量的主要因素有五方面，即______________、______________、______________、______________、______________。

5.1-5　PDCA循环运转的特点是____________、____________、____________。

5.2　施工项目质量计划

知识点导入

做好施工项目质量管理的首要环节，就是怎样编制出最优的质量管理计划，编制最优的质量计划需要了解质量计划包括的内容和编制的依据，以及在编制中的要求。

5.2.1　施工项目质量计划的内容和编制的依据

1. 施工项目质量计划的主要内容

施工项目质量计划是指确定施工项目的质量目标和如何达到这些质量目标所规定必要的作业过程、专门的质量措施和资源等工作。

施工项目质量计划的主要内容包括：

1）工程特点及施工条件（合同条件、法规条件和现场条件等）分析。

2）质量总目标及其分解目标。

3）质量管理组织机构和职责，人员及资源配置计划。

4）确定施工工艺与操作方法的技术方案和施工组织方案。

5）施工材料、设备等物资的质量管理及控制措施。

6）施工质量检验、检测、试验工作的计划安排及其实施方法与检测标准。

7）施工质量控制点及其跟踪控制的方式与要求。

8）质量记录的要求等。

2. 施工项目质量计划编制的依据

施工项目质量计划编制的主要依据有：

1）工程承包合同、设计文件。

2）施工企业的质量手册及相应的程序文件。

3）施工操作规程及作业指导书。

4）各专业工程施工质量验收规范。

5）《建筑法》《建设工程质量管理条例》以及相关环境保护条例及法规。

6）安全施工管理条例等。

5.2.2 施工项目质量计划编制的要求

施工项目质量计划应由项目经理编制。质量计划作为对外质量保证和对内质量控制的依据文件，应体现施工项目从分项工程、分部工程到单位工程的工程控制，同时也要体现从资源投入到完成工程质量最终检验和试验的全过程控制。

施工项目质量计划编制的要求有以下几个方面。

1. 质量目标

合同范围内的全部工程的所有使用功能符合设计（或更改）图样要求。分项、分部、单位工程质量达到既定的施工质量验收统一标准，合格率100%，其中专项达到：

1）所有隐蔽工程为业主质检部门验收合格。

2）卫生间、地下室地面不出现渗漏，所有门窗不渗漏雨水。

3）所有保温层、隔热层不出现冷热桥。

4）所有高级装饰达到有关设计规定。

5）所有的设备安装、调试符合有关验收规范。

6）特殊工程的目标。

7）工程交工后维修期为一年，其中屋面防水维修期五年。

2. 管理职责

项目经理是工程实施的最高负责人，对工程符合设计、验收规范、标准要求负责，对各阶段、各工号按期交工负责。项目经理委托项目技术负责人负责工程质量计划和质量文件的实施及日常质量管理工作，当有更改时，负责更改后的质量文件活动的控制和管理。具体职责如下：

1）对工程的准备、施工、安装、交付和维修整个过程质量活动的控制、管理、监督、改进负责。

2）对进场材料、机械设备的合格性负责。

3）对分包工程质量的管理、监督、检查负责。

4）对设计或合同有特殊要求的工程和部位，负责组织有关人员、分包商和用户按规定实施，指定专人进行相互联络，解决相互间接口发生的问题。

5）对施工图样、技术资料、项目质量文件、记录的控制和管理负责。

3. 资源的提供

资源的提供包括：规定项目经理部管理人员及操作工人的岗位任职标准及考核认定方法；规定项目人员流动时进出人员的管理程序；规定人员进场培训（包括供方队伍、临时工、新进场人员）的内容、考核、记录等；规定对新技术、新结构、新材料、新设备修订的操作方法和操作人员进行培训并记录等；规定施工所需的临时设施（包括临建、办公设备、住宿房屋等）、支持性服务手段、施工设备及通信设备等。

4. 工程项目实现工程策划

工程项目实现工程策划包括：规定施工组织设计或专项项目质量的编制要点及接口关系；规定重要施工过程的技术交底和质量策划要求；规定新技术、新材料、新结构、新设备的策划要求；规定重要过程验收的准则或技艺评定方法。

5. 材料、机械、设备、劳务及试验等采购控制

6. 施工工艺过程的控制

7. 搬运、储存、包装、成品保护和交付过程的控制

8. 安装和调试的工程控制

9. 检验、试验和测量的过程控制

10. 不合格品的控制

规定当分项分部和单位工程不符合设计图样（更改）和规范要求时，项目和企业各方面对这种情况的处理有如下职权：

1）质量监督检查部门有权提出返工修补处理、降级处理或作不合格品处理。

2）质量监督检查部门以图样（更改）、技术资料、检测记录为依据用书面形式向以下各方发出通知：当分部项目工程不合格时通知项目质量负责人和生产负责人；当分项工程不合格时通知项目经理；当单位工程不合格时通知项目经理和企业生产负责人。

上述接收返工修补处理、降级处理或不合格处理的接收通知方有权接受和拒绝这些要求；当通知方和接收通知方意见不能调解时，则由上级质量监督部门、企业质量主管负责人，乃至经理裁决；若仍不能解决时申请由当地政府质量监督部门裁决。

小知识

一个人的责任感的高低，决定了他工作绩效的高低，当你的上司因为你的工作很差劲批评你的时候，你首先问自己，是否为这份工作付出了很多，是否一直以高度的责任感来对待这份工作？一个负责任的人是不会给自己的工作交出一份白卷的。我们始终要记得：没有做不好的工作，只有不负责任的人。

试一试

5.2-1　施工项目质量计划是________________________。

5.2-2　质量计划作为对外质量保证和对内质量控制的依据文件，应体现施工项目从__________、__________到单位工程的工程控制。

5.2-3　工程交工后维修期为________年，其中屋面防水维修期________年。

5.2-4　施工项目管理过程中，当单位工程不合格时应通知______________。

5.3　施工准备阶段的质量管理

知识点导入

在编制出最优的质量计划的前提下，进行施工准备阶段质量管理，必须熟悉项目中的技术资料和技术文件，掌握设计交底和图样审核的主要内容，做好物资和劳动力的准备工作。

施工准备是为保证施工生产正常进行而事先做好的工作。施工准备工作不仅是在工程开工前要做好，而且要贯穿整个施工过程。施工准备的基本任务就是为施工项目建立一切必要的施工条件，确保施工生产顺利进行，确保工程质量符合要求。

5.3.1 技术资料、文件准备的管理

1. 施工项目所在地的自然条件及技术经济条件的调查资料

对施工项目所在地的自然条件及技术经济条件的调查，是为选择施工技术和组织方案收集基础资料，并以此作为施工准备工作的依据。因此，这些调查资料要尽可能详细，并能为工程施工服务。

2. 施工组织设计

施工组织设计是指导施工准备和组织施工的全面性技术经济文件。对施工组织设计的控制要进行两方面的控制：一是选定施工方案后，制订施工进度时，必须考虑施工顺序、施工流向，主要分部分项工程的施工方法，特殊项目的施工方法和技术措施能否保证工程质量；二是制订施工方案时，必须进行技术经济比较，使工程项目满足有效性和可靠性要求，取得工期短、成本低、安全生产、效益好的经济质量。做到现场的三通一平、临时设施的搭建满足施工需要，保证工程顺利进行。

3. 有关质量管理方面的法律、法规文件及质量验收标准

质量管理方面的法律、法规，规定了工程建设参与各方的质量责任和义务，质量管理体系的建立的要求、标准，质量问题的处理要求、质量验收标准等，是进行质量控制的重要依据，这些资料需要准备齐全，妥善管理。

4. 工程测量控制资料

施工现场的原始基准点、基准线、标高及施工控制网等数据资料，是施工之前进行质量控制的一项基础工作，这些数据是进行工程测量控制的重要内容。

 小知识

两匹马各拉一辆木车，前面的一匹走得很好，而后面的一匹常停下来东张西望，显得心不在焉，于是，人们就把后面一辆车上的货挪到前面一辆车上去，等到后面那辆车上的东西都搬完了，后面那匹马便轻快地前进，并且对前面那匹马说：“你辛苦吧，你流汗吧，你越是努力干，人家越是要折磨你，真是个自找苦吃的笨蛋!”

来到车马店的时候，主人说：“既然只用一匹马拉车，我养两匹马干吗？不如好好地喂养一匹，把另一匹宰掉，总还能拿到一张皮吧。”于是，主人把这匹懒马杀掉了。

所以做人的道理也一样：做事情要踏踏实实，不要耍小聪明。

5.3.2 设计交底和图样审核的管理

设计图样是进行质量控制的重要依据。为使施工单位熟悉有关图样，充分了解项目工程的特点、设计意图和工艺与质量要求，减少图样差错，消灭图样中的质量隐患，要做好设计交底和图样审核工作。

1. 设计交底

设计交底是有设计单位向施工单位有关人员进行设计交底，主要包括：地形、地质、水文等自然条件，施工设计依据，设计意图，施工注意事项等。交底后，由施工单位提出

图样中的问题和疑问，以及要解决的技术难题。经各方协商研究，拟订出解决方案。

2. 图样审核

通过图样审核，可以广泛听取使用人员、施工人员的正确意见，弥补设计上的不足，提高设计质量。同时，使得施工人员更了解设计意图、技术要求、施工难点，为保证工程质量打好基础。其审核的重点内容包括：

1）设计是否满足抗震、防火、环境卫生等要求。

2）图样与说明是否齐全。

3）图样中有无遗漏、差错或相互矛盾之处，图样表示方法是否清楚并符合标准要求。

4）所需材料来源有无保证，能否代替。

5）施工工艺、方法是否合理，是否切合实际，是否便于施工，能否保证质量要求。

6）施工图及说明书中涉及的各种标准、图册、规范、规程等，施工单位是否具备。

5.3.3　现场勘察与三通一平、临时设施搭建

掌握现场地质、水文等勘察资料，检查三通一平、临时设施搭建能否满足施工需要，保证工程顺利进行。

5.3.4　物资和劳动力的准备

检查原材料、构配件是否符合质量要求，施工机具是否可以进行正常运行；施工力量的集结能否进入正常的作业状态，特殊工种及缺门工种的培训是否具备应有的操作技术和资格，劳动力的调配，工种间的搭接能否为后续工种创造合理、足够的工作条件。

5.3.5　质量教育与培训

通过质量教育培训和其他措施提高员工的能力，增强质量意识和顾客意识，使员工达到所从事工作对能力的要求。

项目领导班子应着重以下几方面的培训：质量意识教育；充分理解和掌握质量方针和目标；质量管理体系有关方面的内容；质量保持和质量改进意识。

试一试

5.3-1　通常所说施工现场保证的三通一平是__________、__________、__________、__________。

5.3-2　____________是指导施工准备和组织施工的全面性技术经济文件。

5.3-3　设计交底的双方为__________。

A. 施工方和业主　　B. 设计方和业主

C. 施工方和设计方　　D. 施工方和监理方

5.3-4　施工准备的基本任务就是为施工项目建立一切必要的施工条件，确保__________，确保__________。

5.4 施工阶段的质量管理

知识点导入

施工阶段的质量管理关键在施工工序的质量控制、人员素质、设计变更与技术复核的控制，所以要了解施工工序质量的概念和质量控制点的设置，重点掌握质量控制点设置的原则和成品保护的方法。

按照施工组织设计总进度计划，编制具体的月度和分项工程施工作业计划和相应的质量计划。对操作人员、材料、机具设备、施工工艺、生产环境等影响质量的因素进行控制，以保持建筑产品总体质量处于稳定状态。

5.4.1 施工工艺的质量控制

工程项目施工应编制施工工艺技术标准，规定各项作业活动和各道工序的操作规程、作业规范要点、工作顺序、质量要求。该技术标准的内容应预先向操作者进行交底，并要求认真贯彻执行。对关键环节的质量、工序、材料和环境应进行验证，使施工工艺的质量控制符合标准化、规范化、制度化的要求。

5.4.2 施工工序的质量控制

1. 工序质量控制的概念

工序质量控制是为把工序质量的波动限制在要求的界限内所进行的质量控制活动，其目的是要保证稳定地生产合格产品。具体地说，工序质量控制是使工序质量的波动处于允许的范围之内，一旦超出允许范围，立即对影响工序质量波动的因素进行分析。

2. 工序质量控制点的设置和管理

（1）质量控制点　质量控制点是指为了保证（工序）施工质量而对某些施工内容、施工项目、工程的重点和关键部位、薄弱环节等，在一定时间和条件下进行重点控制和管理，以使其施工过程处于良好的控制状态。

（2）质量控制点设置的原则　质量控制点的设置，应根据工程的特点、质量的要求、施工工艺的难易程度、施工队伍的素质和技术操作水平等因素，进行全面分析后确定。在一般情况下，选择质量控制点的基本原则有以下几点。

1）重要的和关键性的施工环节和部位。

2）质量不稳定、施工质量没有把握的施工工序和环节。

3）施工技术难度大的、施工条件困难的施工工序和环节。

4）质量标准或质量精度要求高的施工内容和项目。

5）对后续施工或后续工序质量或安全有重要影响的施工工序或部位。

6）采用新技术、新工艺、新材料施工的部位或环节。

对于一个分部分项工程，究竟应该设置多少个质量控制点，应根据施工的工艺、施工的难度、质量标准和施工单位的情况来决定。一般来说，施工工艺复杂时可多设，施工工艺简单时可少设；施工难度较大时可多设，施工难度不大时可少设；质量标准要求较高时应多设，质量标准要求不高时可少设；施工单位信誉不高时应多设，施工单位信誉较高时可少设。

表5-1列举出某些分部分项工程质量控制点设置的一般位置，可供参考。

表5-1　质量控制点的设置位置

分项工程	质量控制点
工程测量定位	标准轴线桩、水平桩、龙门桩、定位轴线、标高
地基、基础（含设备基础）	基坑（槽）尺寸、标高、土质、地基承载力、基础垫层标高；基础位置、尺寸、标高；预留洞孔和预埋件的位置、规格、数量；基础墙皮数杆及标高、杯底弹线
砌体	砌体轴线；皮数杆；砂浆配合比；预留洞孔、预埋件位置、数量；砌块排列
模板	位置、尺寸、标高；预埋件位置；预留洞孔尺寸、位置；模板承载力及稳定性；模板内部清理及润湿情况
钢筋混凝土	水泥品种、强度等级；砂石质量；混凝土配合比；外加剂比例；混凝土振捣；钢筋品种、规格、尺寸、搭接长度；钢筋焊接；预留洞、孔及预埋件规格、数量、尺寸、位置；预制构件吊装或出场（脱模）强度；吊装位置、标高、支承长度、焊缝长度
吊装	吊装设备起重能力、吊具、索具、地锚
钢结构	翻样图、放大样
焊接	焊接条件、焊接工艺
装修	视具体情况而定

（3）工序质量控制点的管理　在操作人员上岗前，施工员、技术员做好交底及记录工作，在明确工艺要求、质量要求、操作要求的基础上方能上岗。施工中发现问题，及时向技术人员反映，由有关技术人员指导后，操作人员方可继续施工。

为了保证控制点的目标得以实现，要建立三级检查制度，即操作人员每日自检一次，组员之间或班长、质量干事与组员之间进行互检；质量员进行专检；上级部门进行抽查。

在施工中，如果发现工序质量控制点有异常情况，应立即停止施工，召开分析会，找出产生异常的主要原因，并用对策表写出对策。如果是因为技术要求不当而出现异常，必须重新修订标准，在明确操作要求和掌握新标准的基础上，再继续进行施工，同时还应加强自检、互检的频率，以便预防和控制。

5.4.3　人员素质的控制

定期对职工进行规程、规范、工序工艺、标准、计量、检验等基础知识的培训，开展质量管理和质量意识教育。

5.4.4　设计变更与技术复核的控制

加强对施工过程中提出的设计变更的控制，重大问题须经业主、设计单位、施工单位三方同意，由设计单位负责修改，并向施工单位签发设计变更通知书。对建设规模、投资方案等有较大影响的变更，须经原批准初步设计的单位同意，方可进行修改。所有设计变更资料，均需有文字记录，并按要求归档。

对重要的或影响全局的技术工作，必须加强复核，避免发生重大差错，影响工程质量和使用。

5.4.5 成品保护

加强成品保护，要从两个方面着手，首先加强教育，提高全体员工的成品保护意识；其次要合理安排施工顺序，采取有效的保护措施。具体措施有防护、包裹、覆盖、封闭及合理安排施工顺序。

小知识

每天，当太阳升起的时候，非洲大草原上的动物们就开始奔跑了。狮子妈妈在教育自己的孩子："孩子，你必须跑得快一点、再快一点，你要是跑不过羚羊，你就会活活地饿死。"在另外一个场地上，羚羊妈妈也在教育自己的孩子："孩子，你必须跑得快一点、再快一点，如果不能跑过狮子，那你肯定会被吃掉。"所以，在当今竞争异常激烈的建筑市场，只有不断提高企业的管理水平，增强企业竞争力，才能立于不败之地。

试一试

5.4-1 施工工艺的质量控制关键是对质量、工序、材料和环境进行验证，使施工工艺的质量控制符合__________、__________、__________的要求。

5.4-2 质量控制点是______________________________。

5.4-3 加强对施工过程中提出的设计变更的控制，重大问题须经________、________、________三方同意，由____________负责修改，并向__________签发设计变更通知书。

5.4-4 为了保证管理点的目标实现，要建立三级检查制度，即________、________、________。

5.4-5 成品保护的方法有__________、__________、__________、__________及合理安排施工顺序。

5.5 竣工验收阶段的质量管理

知识点导入

施工项目质量管理的收尾工作即为竣工验收阶段的质量管理，这个阶段重点掌握常见的质量问题以及出现质量问题和质量事故的处理方案，做好施工项目质量管理的最后一关。

5.5.1　工序间交工验收工作的质量管理

工程施工中往往上道工序的质量成果被下道工序所覆盖，分项或分部工程质量成果被后续的分项或分部工程所掩盖，因此要对施工全过程的分项与分部施工的各工序进行质量控制。这要求班组实行保证本工序、监督前工序、服务后工序的自检、互检、交接检和专业性的“中间”质量检查，保证不合格工序不转入下道工序。出现不合格工序时，做到“三不放过”（原因未查清楚不放过、责任未明确不放过、措施未落实不放过），并采取必要的措施，防止此类现象再发生。

5.5.2　竣工交付使用阶段的质量管理

单位工程或单项工程竣工后，由施工项目的上级部门严格按照设计图样、施工说明书及竣工验收标准，对工程的施工质量进行全面鉴定，评定等级，作为竣工交付的依据。

工程进入交工验收阶段，应有计划、有步骤、有重点地进行首尾工程的清理工作。通过交工前的预验收，找出漏项项目和需要补修的工程，并及早安排施工。除此之外，还应做好竣工工程成品保护，以提高工程的一次成优及减少竣工后的返工整修。工程项目经自检、互检后，与业主、设计单位和上级有关部门进行正式的交工验收工作。

5.5.3　质量问题及质量事故的处理方案

根据我国标准《质量管理体系　基础和术语》GB/T 19000—2016/ISO 9000：2015 规定，凡工程产品没有满足某个规定的要求，就称之为质量不合格；而未满足某个与预期或规定用途有关的要求，称为质量缺陷。

凡是工程质量不合格，影响使用功能或工程结构安全，造成永久质量缺陷或存在重大质量隐患，甚至直接导致工程倒塌或人身伤亡的，必须进行返修、加固或报废处理，按照由此造成直接经济损失的大小分为质量问题和质量事故。

以下为标明的经济损失大小：

按照由此造成直接经济损失低于 5 000 元的称为质量问题；直接经济损失在 5 000 元（含 5 000 元）以上的称为质量事故。

1. 质量问题的处理

（1）一般程序

1）调查取证，写出质量调查报告。

2）向建设（监理）单位提交调查报告。

3）建设（监理）单位的工程师组织有关单位进行原因分析，在原因分析的基础上确定质量问题处理方案。

4）进行质量问题处理。

5）检查、鉴定、验收，写出质量问题处理报告。

（2）质量问题的处理方案

1）补修处理。当工程的某些部分的质量未达到规定的规范、标准或设计要求，存在一定的缺陷，但经过补修后还可以达到要求的标准，又不影响使用功能或外观要求的，可以做出进行补修的处理决定。如混凝土结构表面蜂窝麻面。

2）加固处理。对于某些质量问题，在不影响使用功能或外观的前提下，以设计验算采用一定的加固补强措施进行加固处理。

3）返工处理。当某些质量未达到规定标准或要求，对结构的使用和安全有重大影响，而又无法通过补修或加固等方法给予纠正时，可以做出返工处理的决定。

4）限制使用。当工程质量缺陷按补修方式处理无法保证达到规定的使用要求和安全，而又无法返工处理的情况下，不得已时可以做出结构卸荷、减荷及限制使用的决定。

5）不做处理。对于某些情况质量缺陷虽不符合规定的要求或标准，但其情况不严重，经过分析、论证和慎重考虑后，可以做出不做处理的决定。不做处理的情况有：不影响结构安全和使用要求；经过后续工序可以弥补的不严重的质量缺陷；经复核验算，仍能满足设计要求的质量缺陷。

 小知识

一个人在河边钓鱼，他每钓到一条就用尺子量一量，然后把比尺子大的鱼丢回河里。有人不解地问他："别人都希望钓大鱼，为什么你却将大鱼都放了呢?"这人轻松地回答："我家的锅只有尺子这么长，太大的鱼装不下。"

对于个人而言，在接受任何事情的时候是否也应该考虑一下自身的"锅"到底能放下多大的鱼呢?

2. 质量事故的处理

（1）质量事故的处理依据

1）质量事故的实际情况资料。

2）具有法律效力的，得到有关当事各方认可的工程承包合同、设计委托合同、材料或设备购销合同、分包合同以及监理委托合同文件。

3）有关的技术文件、档案。

4）相关的建设法规。

（2）质量事故的处理程序

1）事故发生后，应立即停止进行质量缺陷部位和与其关联部位及下道工序的施工，施工单位应采取必要的措施防止事故扩大并保护好现场。同时，事故发生单位应迅速按类别和等级向相应的主管部门上报，并于24小时内写出书面报告。

2）各级主管部门按照事故处理权限组成调查组，开展事故调查工作，并写出事故调查报告。

3）建设（监理）单位根据调查组提出的技术处理意见，组织有关单位进行研究，并责成相关单位完成技术处理方案。

4）施工单位根据签订的技术处理方案，编制详细的施工方案，并报建设（监理）单位审批。

5）施工单位根据审批的施工方案组织技术处理。

6）施工单位完工后自检并报建设（监理）单位组织有关各方进行检查验收，必要时

应进行处理结果鉴定。

3. 工程质量事故的分类

根据工程质量事故造成的人员伤亡或者直接经济损失，可将工程质量事故分为4个等级：

1）一般事故是指造成3人以下死亡，或者10人以下重伤，或者100万元以上1 000万元以下直接经济损失的事故。

2）较大事故是指造成3人以上10人以下死亡，或者10人以上50人以下重伤，或者1 000万元以上5 000万元以下直接经济损失的事故。

3）重大事故是指造成10人以上30人以下死亡，或者50人以上100人以下重伤，或者5 000万元以上1亿元以下直接经济损失的事故。

4）特别重大事故是指造成30人以上死亡，或者100人以上重伤，或者1亿元以上直接经济损失的事故。

试一试

5.5-1　凡是工程质量不合格，影响__________或__________，造成__________或__________，甚至直接导致工程倒塌或人身伤亡，必须进行__________、__________或__________，按照由此造成直接经济损失的大小分为__________和__________。

5.5-2　出现不合格工序时，做到“三不放过”即______________、______________、______________。

5.5-3　质量问题的处理方案有__________、__________、__________、__________和不做处理。

5.5-4　事故发生单位按类别和等级向相应的主管部门上报，并于________小时内写出书面报告。

5.5-5　事故处理方案中，不做处理的情况有________________、________________、________________。

案例分析

1. 背景

新辉县饮料厂厂房为多层现浇钢筋混凝土框架结构，因该厂生产经济效益很好，产品供不应求。为扩大生产，厂方决定将厂房增加一层。加层设计由该县丙级设计院设计，由新辉县建筑公司施工。加层设计时对基础进行验算，再加一层无问题，对加层梁柱进行了计算，但没有对原框架结构进行计算。工程于2017年12月开始，施工过程中自然条件和施工管理良好，材料质量也无问题，1层、2层工人生产照常进行。但在加层吊装屋面板接近完工时，加层部分及2层突然倒塌，造成25人死亡，30人受伤。

2. 问题

（1）建筑工程质量问题常见的原因有哪些？该工程质量事故最主要的原因是什么？

（2）该工程质量事故属于哪个等级？

（3）对工程质量事故处理的一般程序是什么？

3. 分析

(1) 常见工程质量问题的原因有以下几种。

1) 违背建设程序。

2) 工程地质勘察原因。

3) 未加固处理好地基。

4) 设计计算问题。

5) 建筑材料及制品不合格。

6) 施工和管理问题。

7) 自然条件影响。

8) 建筑结构使用不当。

该工程质量事故最主要的原因是设计计算问题，在加层时，未对原一、二层结构进行验算。

(2) 该工程质量事故属于重大事故。

(3) 工程质量事故处理程序。

1) 进行事故调查：了解事故情况，并确定是否需要采取防护措施。

2) 分析调查结果，找出事故的主要原因。

3) 确定是否需要处理，若需处理，施工单位确定处理方案。

4) 事故处理。

5) 检查事故处理结果是否达到要求。

6) 事故处理结论。

7) 提交处理方案。

实训练习题

1. 背景

某建筑工程有限公司承接一大学校园新校区的建设施工。从工程开工到竣工验收，其中施工质量计划作为对外质量保证和对内质量控制的依据显得尤为重要。

2. 问题

结合本单元所学内容总结编制施工项目质量计划的要求有哪些。

单元小结

本单元简要介绍了施工项目质量管理的基本概念，影响工程质量的主要因素以及施工准备阶段、施工阶段的质量检验以及竣工质量验收等各阶段质量事故的防范及处理方法。主要内容有：影响工程质量的因素归纳起来主要有五方面，即人（Man）、材料（Material）、机械设备（Machine）、方法（Method）、环境（Environment），简称4M1E因素。质量管理是指企业为保证和提高产品质量，为用户提供满意的产品而进行的一系列管理活动。质量管理的发展，一般认为经历了三个阶段，即质量检验阶段、统计质量管理阶段和全面质量管理阶段。施工项目质量管理是指围绕着项目施工阶段的质量管理目标进行的策划、组织、控制、协调、监督等一系列管理活动。质量管理过程中的计划（P）、实施（D）、检查（C）、处理（A）四个阶段是人们在管理实践过程中形成的基本理论方法。质量控制点是指为了保证（工序）施工质量而对某些施工内容、施工项目、工程的重点和关键部位、薄弱环节等，在一定时间和条件下进行重点控制和管理，以使其施工过程处于良好的控制状态。质量问题的处理方案包括补修处理、加固处理、返工处理、限制使用和不做处理。

单元6

施工项目成本管理

知识储备

为便于本单元内容的学习与理解，需要成本分类、价值工程、施工方法等相关专业知识的支持。

6.1 施工项目成本管理概述

知识点导入

某施工单位承接了一项装修工程施工任务，装修施工合同价为1 230万元。合同工期为6个月。施工单位每月实际完成产值见表6-1。

表6-1 施工单位每月实际完成产值表

月　份	1	2	3	4	5	6
实际完成产值/万元	190	200	250	240	200	150

1. 施工合同中规定：

（1）开工前业主向施工单位支付合同价10%的预付备料款。

（2）扣回工程预付备料款的比例、时间为：当工程款（含预付款）付至合同价款40%的下个月开始扣回；从开始扣回的月份至五月份，按等额扣回工程预付款。

（3）当工程款支付至合同总价的80%时暂停支付，余款竣工时进行结算。

（4）工程保修金为装饰装修工程总造价的3%，竣工结算月一次扣留。

（5）本年度上半年材料价格上调幅度为5%，材料费按占合同价的60%计算，竣工月结算时一次调整。

2. 问题：

（1）该工程的工程预付款是多少万元？工程预付款的起扣点是多少万元？

（2）工程结算总造价是多少？工程质量保修金是多少？

6.1.1　施工项目成本

1. 施工项目成本的概念

施工项目成本是指建筑企业以施工项目作为成本核算对象的施工过程中所耗费的生产资料转移价值和劳动者必要劳动所创造的价值的货币表现形式，即某施工项目在施工过程中所发生的全部费用的总和。

2. 建筑安装工程费用项目组成

建筑安装工程费由直接费、间接费、利润、税金组成。直接费由直接工程费和措施费组成，间接费由规费和企业管理费组成。

（1）直接工程费　直接工程费是指施工过程中构成工程实体所耗费的各项费用，包括人工费、材料费、机械使用费。

1）人工费。人工费包括从事工程项目施工人员的工资、奖金、福利、工资性津贴和劳动保护费用等。

2）材料费。材料费包括施工过程中所耗用的构成工程实体或有助于工程实体形成的主要材料、辅助材料、构配件、零件、半成品、周转材料的摊销费以及现场工程用水费用等。

3）机械使用费。机械使用费包括施工过程中使用自有施工机械所发生的机械使用费以及租用外单位施工机械的租赁费和施工机械的安装、拆卸、进出场费等，现场机械用电应同样计入机械使用费。

（2）措施费　措施费是指为完成工程项目施工，发生于该工程施工前和施工过程中非工程实体项目的费用，由施工技术措施费和施工组织措施费组成。

（3）规费　规费是指根据省级政府或省级有关权力部门规定必须要缴纳的，应计入建筑安装工程造价的费用（简称规费）。包括：工程排污费、社会保障费、住房公积金、民工工伤保险费、危险作业意外伤害保险费。

（4）企业管理费　企业管理费是指建筑安装企业组织施工生产和经营管理所需的费用。内容包括：管理人员工资、办公费、差旅交通费、固定资产使用费、工具用具使用费、劳动保险和职工福利费、劳动保护费、检验试验费、工会经费、职工教育经费、财产保险费、财务费、税金、其他。

3. 施工项目成本的主要形式

（1）按成本的发生时间划分

1）承包成本。指反映企业竞争水平的一项费用。

2）计划成本。指施工项目经理根据计划期的有关资料，在实际成本发生前预先计算的费用。

3）实际成本。指施工项目在报告期内实际发生的各项生产费用的总和。

（2）按生产费用与工程量的关系划分

1）固定成本。指在一定期间和一定的工程量范围内所发生的，费用额不受工程量增减变动的影响而相对固定的费用。

2）变动成本。指发生总额随着工程量的增减变动而成比例变动的费用。

（3）按成本控制要求划分

1）事前成本。指在实际成本发生和工程结算之前所计算和确定的成本，带有计划性和预测性。

2）事后成本。即实际成本，指施工项目在报告期内实际发生的各项生产费用的总和。

（4）按施工项目成本费用目标划分

1）生产成本。指完成某工程项目所必须消耗的费用。

2）质量成本。指施工项目部为保证和提高建筑产品质量而发生的一切必要的费用，以及因未到达质量标准而蒙受的经济损失。

3）工期成本。指施工项目部为实现工期目标或合同工期而采取相应措施所发生的一切必要费用以及工期索赔等费用的总和。

4）不可预见成本。指施工项目部在施工生产过程中所发生的除生产成本、质量成本、工期成本之外的成本，诸如扰民费、资金占用费、人员伤亡等安全事故损失费、政府部门罚款等不可预见的费用。此项成本可发生，也可不发生。

6.1.2 施工项目成本管理的意义

随着建筑市场的不断完善和发展，项目成本管理的重要性也日益为人们所认识。在建筑领域里，施工项目成本管理已成为建筑业企业施工项目管理向深层次发展的主要标志和不可缺少的主要内容之一，其意义主要体现在以下四个方面：

1）施工项目成本管理是产品市场竞争能力的经济表现。

2）施工项目成本管理是施工项目实现经济效益的内在基础。

3）施工项目成本管理动态地反映了施工项目一切活动的最终水准。

4）施工项目成本管理是确立施工项目经济责任制，实现有效控制和监督的手段。

6.1.3 施工项目成本管理的内容

施工项目成本管理是施工项目管理系统中的一个子系统。在施工项目成本管理的过程中应包括施工项目成本预测、施工项目成本计划、施工项目成本控制、施工项目成本核算、施工项目成本分析、施工项目成本考核六项内容。

1. 施工项目成本预测

施工项目成本预测是通过项目成本信息和施工项目的具体情况，运用专门的方法，对未来的费用水平及其可能发展趋势做出科学的估计，其实质就是在施工以前对成本进行核算。通过成本预测，可以使项目经理部在满足建设单位和施工企业要求的前提下，选择成本低、效益好的最佳成本方案，并能够在施工项目成本形成过程中，针对薄弱环节加强成本控制，克服盲目性，提高预见性。由此可见，施工项目成本预测是施工项目成本决策与计划的依据。

2. 施工项目成本计划

施工项目成本计划是项目经理部对项目施工成本进行计划管理的工具。它是以货币形式编制施工项目在计划期内的生产成本、成本水平、成本降低率以及为降低成本所采取的主要措施和规划的书面方案，是建立施工项目成本管理责任制、开展费用控制和核算的基础。作为一个施工项目成本计划，应包括从开工到竣工所必需的施工成本，它是该施工项目降低成本的指导文件，是设立目标成本的依据。

3. 施工项目成本控制

施工项目成本控制，是指在施工过程中对影响施工项目成本的各种因素加强管理，并采取各种有效措施，将施工中实际发生的各种消耗和支出严格控制在成本计划范围内。同时，随时提示并及时反馈，严格审查各项费用是否符合标准，计算实际成本和计划成本之间的差异并进行分析，消除施工中的损失浪费现象，发现和总结先进经验，通过成本控制达到预期目的和效果。

4. 施工项目成本核算

施工项目成本核算是指对施工项目所发生的成本支出和工程成本形成的核算。项目经理部应认真组织成本核算工作。施工项目成本核算提供的成本资料是施工项目成本分析、施工项目成本考核和施工项目成本评价以及施工项目成本预测的重要依据。

5. 施工项目成本分析

施工项目成本分析是对施工项目实际成本进行分析、评价，为以后的成本预测和降低成本指明努力方向。施工项目成本分析要贯穿于项目施工的全过程。

6. 施工项目成本考核

施工项目成本考核是对成本计划执行情况的总结和评价。建筑施工项目经理部应根据现代化管理的要求，建立健全成本考核制度，定期对各部门完成的计划指标进行考核、评比，并把成本管理经济责任制和经济利益结合起来，通过成本考核有效地调动职工的积极性，为降低施工项目成本、提高经济效益，做出贡献。

6.1.4 施工项目成本管理的程序

施工项目成本管理的程序是指从成本估算开始，然后经过编制成本计划，采取降低成本的措施，进行成本控制，直到成本核算与分析为止的一系列管理工作步骤。施工项目成本管理的一般程序如图6-1所示。

试一试

6.1-1 施工项目成本按费用的发生时间可划分为__________、__________、__________。

6.1-2 施工项目成本按费用目标可划分为__________、__________、__________和不可预见成本。

6.1-3 施工项目成本管理的内容有________、________、________、________、

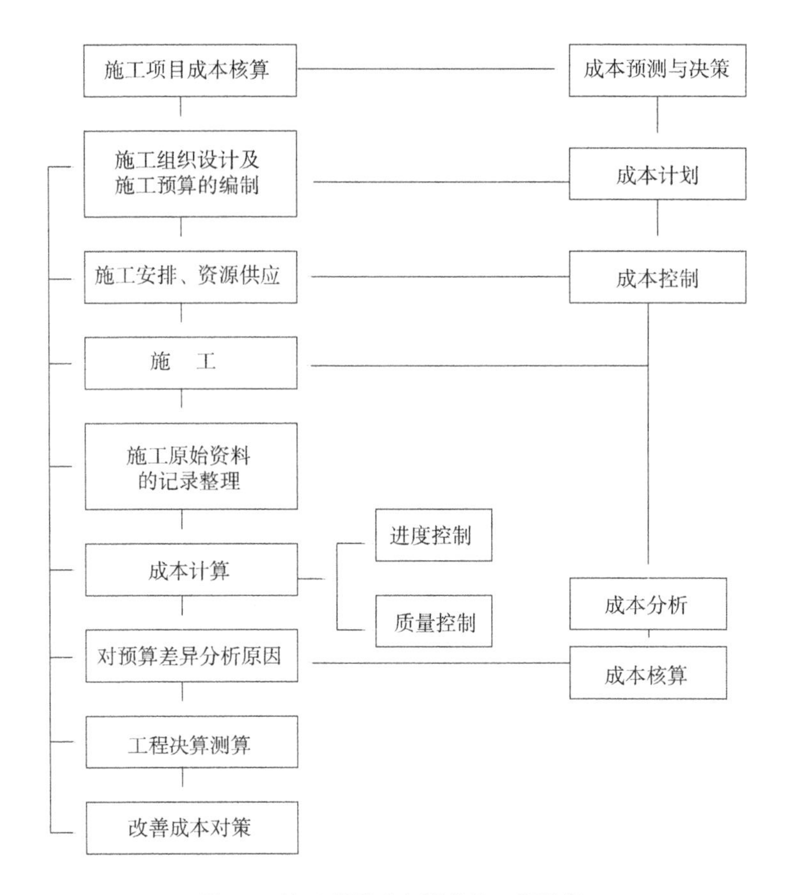

图 6-1 施工项目成本管理的一般程序

＿＿＿＿＿和成本考核。

6.1-4 ＿＿＿＿＿是指建筑安装企业组织施工生产和经营管理所需费用。

A. 措施费 B. 规划费 C. 人工费 D. 企业管理费

6.1-5 施工项目成本控制应贯穿于施工项目从＿＿＿＿＿开始直到项目竣工验收的全过程。

A. 开工阶段 B. 投标阶段 C. 设计阶段 D. 施工阶段

6.1-6 施工项目＿＿＿＿＿贯穿于施工成本管理的全过程。

A. 成本核算 B. 成本计划 C. 成本分析 D. 成本控制

6.1-7 施工项目＿＿＿＿＿是施工项目成本决策与计划的依据。

A. 成本分析 B. 成本计划 C. 成本核算 D. 成本预测

6.2 施工项目成本计划

知识点导入

建筑安装工程造价由直接费、间接费、利润和税金组成，请问这些费用中哪些属于施工成本？

6.2.1　施工项目成本计划的作用

施工项目成本计划是施工项目成本管理的一个重要环节，是实现降低施工项目成本任务的指导性文件。同时，编制计划成本的过程也是动员施工项目经理部全体人员挖掘潜力降低成本的过程；也是检验施工技术质量管理、进度管理、物资消耗和劳动力消耗管理等效果的过程。正确编制施工项目成本计划的作用有：

1）是对生产消耗进行控制、分析和考核的重要依据。

2）是编制其他有关经营计划的基础。

3）是全体职工开展增产节约、降低产品成本的活动目标。

4）可以动员全体职工深入开展增产节约、降低产品成本的活动。

5）是建立企业成本管理责任制、开展经济核算和控制生产费用的基础。

6.2.2　施工项目成本计划的编制

1. 施工项目成本计划编制的依据

施工成本计划的编制依据包括：

1）投标报价。

2）企业定额、施工预算。

3）施工组织设计或施工方案。

4）人工、材料、机械台班的市场价。

5）企业颁布的材料指导价、企业内部机械台班价格、劳动力内部挂牌价格。

6）周转设备内部租赁价格、摊销损耗标准。

7）已签订的工程合同、分包合同（或估价书）。

8）结构件外加工计划和合同。

9）有关财务成本核算制度和财务历史资料。

10）施工成本预测资料。

11）拟采取的降低施工成本的措施。

12）其他相关资料。

2. 施工项目成本计划编制的原则

目标成本是施工项目控制成本的标准，所制订的目标成本要能真正起到控制生产成本的作用，就必须符合以下原则。

1）可行性原则。目标成本必须是项目执行单位在现有基础上经过努力可以达到的成本水平。这个水平既要高于现有水平，又不能高不可攀，脱离实际；也不能把目标定得过低，失去激励作用。因此，目标成本应当符合企业各种资源条件和生产技术水平，符合国内市场竞争的需要，切实可行。

2）先进性原则。目标成本要有激发职工积极性的功能，能充分调动广大职工的工作热情，使每个人尽力贡献自己的力量。如果目标成本可以轻而易举地达到也就失去了成本控制的意义。

3）科学性原则。目标成本的科学性就是目标成本的确定不凭主观臆断，要收集和整理大量的情报资料，以可靠的数据为依据，通过科学的方法计算出来的具有企业先进水平的成本。

4）可衡量性原则。可衡量性是指目标成本要能用数量或质量指标表示。有些难以用数量表示的指标应尽量用间接方法使之数量化，以便能作为检查和评价实际成本水平偏离目标执行情况的准绳。

5）统一性原则。同一时期对不同项目成本的制订必须采用统一标准，以统一尺度（施工定额水平）对项目成本进行约束。同时，目标成本要和企业总的经营目标协调一致，而且目标成本各种指标之间不能相互矛盾，相互脱节，要形成一个统一的整体的指标体系。

6）适时性原则。项目的目标成本一般是在全面分析当时主客观条件的基础上制订的。出于现实中存在大量的不确定性因素，项目实施过程中的外部环境和内部条件会不断发生变化，这就要求企业根据条件的变化及时调整修订目标成本，以适应实际情况的需要。

3. 施工项目成本计划的编制方法

1）按施工成本组成编制施工成本计划。施工成本可以按成本构成分解为人工费、材料费、施工机械使用费、措施费和间接费，如图 6-2 所示。

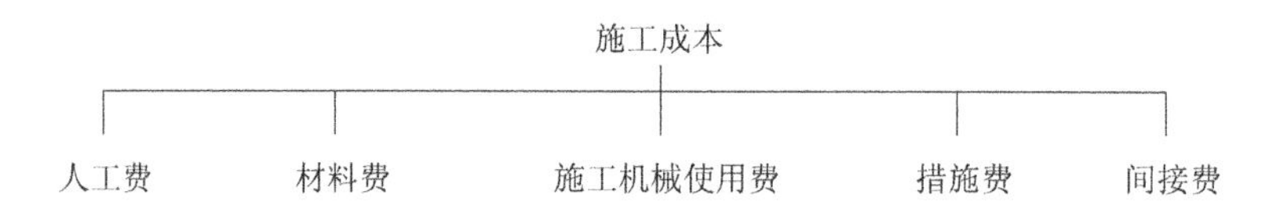

图 6-2　按施工成本构成分解

2）按子项目组成编制施工成本计划。大中型的工程项目通常是由若干单项工程构成的，而每个单项工程包括了多个单位工程，多个单位工程又是由若干个分部分项工程构成。因此，首先要把项目总施工成本分解到单项工程和单位工程中，再进一步分解为分部工程和分项工程，如图 6-3 所示。

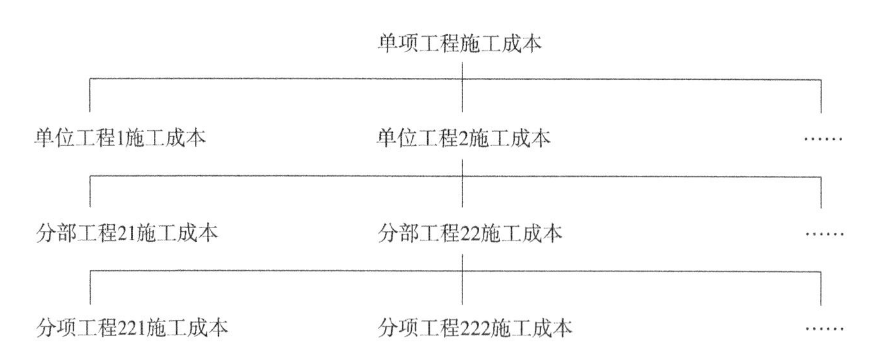

图 6-3　按子项目分解施工成本

3）按施工进度编制施工成本计划。工程项目的投资总是分阶段、分期支出的，资金应用是否合理与资金的时间安排有密切关系。通常可利用控制施工进度的网络计划进一步扩充而得。即在建立网络计划时，一方面确定完成各项工作所需花费的时间，另一方面同时确定完成这一工作合适的施工成本支出计划。在实践中，将施工项目分解为既能方便地表示时间，又能方便地表示施工成本支出计划的工作是不容易的。通常如果项目分解程度对时间控制合适的话，则对施工成本支出计划可能分解过细，以至于不可能对每项工作确定其施工成本支出计划，反之亦然。因此，在编制网络计划时，应在充分考虑施工进度控制对项目划分要求的同时，还要考虑确定施工成本支出计划对项目划分的要求，做到两者兼顾。

以上三种编制施工计划的方法并不是相互独立的。在实际中，往往是将这几种方法结合起来使用，从而达到扬长避短的效果。例如，按子项目分解项目总施工成本与按施工成本构成分解项目总施工成本两种方法结合，一般横向按施工成本构成分解，纵向按子项目分解。

小知识

有个人布置了一个捉火鸡的陷阱，他在一个大箱子的里面和外面撒了玉米，大箱子有一道门，门上系了一根绳子，他抓着绳子的另一端躲在一处，只要等火鸡进入箱子，他就拉扯绳子，把门关上。

一天有12只火鸡进入箱子里，他正要拉绳子，可1只火鸡溜了出来。他想等箱子里再有12只火鸡的时候，就马上关门。然而就在他等第12只火鸡的时候，又有1只火鸡跑了出来。于是他想，等箱子里有11只火鸡，就拉绳子。可是在他等待的时候，又有第3只、第4只火鸡溜了出来。最后，箱子里1只火鸡也没剩。所以，无论在什么时候，干什么事情，都不可贪得无厌。

试一试

6.2-1　不属于施工成本编制依据的是________。

A. 分包合同　　B. 构件外加工计划和合同

C. 施工预算　　D. 工程概算

6.2-2　施工成本可以按成本构成分解为__________。

A. 人工费　　B. 材料费　　C. 措施费

D. 直接费　　E. 施工机械使用费

6.2-3　施工项目成本编制的原则有可行性、__________、__________、可衡量性、统一性、__________。

6.2-4　正确编制施工项目成本计划是对生产消耗进行__________、__________和__________的重要依据。

6.2-5　____________是施工项目成本管理的一个重要环节，是实现降低施工项目成本任务的指导性文件。

6.3　施工项目成本控制运行

知识点导入

建筑安装工程中，施工成本由人工费、材料费、机械使用费、措施费和间接费组成。

如何做好施工项目成本管理，控制运行阶段是至关重要的。所以，我们重点要掌握成本控制的原则，了解成本控制的作用，熟悉成本控制的内容和步骤。

6.3.1 施工项目成本控制的概念

施工项目成本控制是指在项目生产成本形成过程中，采用各种行之有效的措施和方法，对生产经营的消耗和支出进行指导、监督、调节和限制，使项目的实际成本能控制在预定的计划目标范围内，及时纠正将要发生和已经发生的偏差，以保证计划成本得以实现。

6.3.2 施工项目成本控制的原则

（1）效益原则　在工程项目施工中控制成本的目的在于追求经济效益及社会效益，只有两者同时兼顾，才能杜绝顾此失彼的现象，使施工项目费用能够降低的同时，企业的信誉也能不断提高。

（2）“三全”原则　即全面、全员、全过程的控制，其目的是使施工项目中所有经济方面的内容都纳入控制的范围之内，并使所有的项目成员都来参与工程项目成本的控制，从而增强项目管理人员对工程项目成本控制的观念和参与意识。

（3）责、权、利相结合的原则　建筑工程项目施工中的责权利是施工项目成本控制的重要内容。为此，要按照经济责任制的要求贯彻责权利相结合的原则，使施工项目成本控制真正发挥效益，达到预期目的。

（4）分级控制的原则　分级控制原则，也称目标管理原则，即将施工项目成本的指标层层分解，分级落实到各部门，做到层层控制，分级负责。只有这样才能使成本控制落到实处，达到行之有效的目的。

（5）动态控制的原则　施工中的成本控制重点要放在施工项目各个主要施工段上，及时发现偏差并及时纠正偏差，在生产过程中进行动态控制。

6.3.3 施工项目成本控制的作用

（1）监督工程收支，实现计划利润　在投标阶段分析的利润仅仅是理论计算而已，只有在实施过程中采取各种措施监督工程的收支，才能保证计划利润变成现实的利润。

（2）做好盈亏预测，指导工程实施　根据单位成本增高和降低的情况，对各分部项目的成本增减情况进行计算，不断对工程的最终盈亏做出预测，指导工程实施。

（3）分析收支情况，调整资金流动　根据项目实施中的情况和费用增减的预测，对于流动资金需要的数量和时间进行调整，使流动资金更符合实际，从而为筹集资金和偿还借贷提供参考。

（4）积累资料，指导今后投标　对项目实施过程中的成本统计资料进行收集并分析单项工程的实际费用，用来验证原来投标计算的正确性。所有这些资料均是十分宝贵的，具有十分重要的参考价值。

6.3.4 施工项目成本控制的内容

（1）成本控制的组织工作　在施工项目经理部，应以项目经理为主，下设专职的成本核算员，全面负责项目成本管理工作，并在其他各管理职能人员协助配合下，负责日常控制的组织管理工作，制定有关的成本控制制度，把日常控制工作落实到各有关部门和人员，使他们都明确自己在成本控制中应承担的具体任务与相应的经济责任。

（2）成本开支的控制工作　为了控制施工过程中的消耗和支出，首先必须要按照一定的原则和方法制订出各项开支的计划、标准和定额，然后严格控制一切开支，以达到节约开支、降低工程成本的目标。

（3）加强施工项目实际成本的日常核算工作　施工项目成本的日常核算工作，是通过记账和算账等手段，对施工耗费和施工成本进行价格核算，及时提供成本开支和成本信息资料，以随时掌握和控制成本支出，促使项目成本的降低。

（4）加强项目成本控制偏差的分析工作　项目成本控制偏差一般有两种，即实际成本小于计划成本的有利偏差和实际成本超过计划成本的不利偏差。偏差分析是运用一定方法研究偏差产生的原因，用以总结经验，不断提高成本控制的水平。

小知识

一只野狼卧在草上勤奋地磨牙，狐狸看到了，就对它说：“天气这么好，大家在休息娱乐，你也加入我们队伍中吧！”野狼没有说话，继续磨牙，把它的牙齿磨得又尖又利。狐狸奇怪地问道：“森林这么静，猎人和猎狗已经回家了，老虎也不在近处徘徊，又没有任何危险，你何必那么用劲磨牙呢？”野狼停下来回答说：“你想想，如果有一天我被猎人或老虎追逐，到那时，我想磨牙也来不及了。而我平时就把牙磨好，到那时就可以保护自己了。”所以，功夫用在平时，不仅适用于自然界，同样适用于人类社会。

6.3.5　施工项目成本控制的步骤

在确定了项目施工成本计划后，必须定期地进行施工成本计划值与实际值的比较，当实际值偏离计划值时，分析产生偏差的原因，采取适当的纠偏措施，以确保施工成本控制目标的实现。其步骤如下。

（1）比较　按照某种确定的方式将施工成本计划值与实际值逐项进行比较以发现施工成本是否已超支。

（2）分析　在比较的基础上，对比较的结果进行分析，得出偏差的严重性及偏差的原因，从而采取有针对性的措施，减少或避免相同原因的偏差再次发生或减少由此造成的损失。

（3）预测　根据项目实施情况估算整个项目完成时的施工成本。预测的目的在于为决策提供支持。

（4）纠偏　当施工项目的实际施工成本出现偏差，应当根据施工项目的具体情况、偏差分析和预测的结果，采取适当的措施，以期达到使施工成本偏差尽可能小的目的，纠偏是施工成本控制中最具实质性的一步。只有通过纠偏，才能最终达到有效控制施工成本的目的。

（5）检查　它是指对工程的进展进行跟踪和检查，及时了解工程进展状况以及纠偏措施的执行情况和效果，为今后的工作积累经验。

试一试

6.3-1　施工成本控制要以__________为依据，围绕降低工程成本这个目标，从预算收入和实际成本两方面，努力挖掘增收节支潜力，以求获得最大的经济效益。

A. 施工成本计划　B. 进度报告　C. 施工组织设计　D. 工程承包合同

6.3-2 ____________是施工成本控制工作的核心。

A. 比较　B. 预测　C. 纠偏　D. 分析

6.3-3 既包括预定的具体成本控制目标，又包括实现控制目标的措施和规划，是施工成本控制的指导文件的是__________。

A. 工程承包合同　B. 施工成本计划　C. 进度报告　D. 施工成本控制

6.3-4 施工成本控制的步骤包括__________。

A. 比较　B. 分析　C. 预测　D. 纠偏

E. 预防

6.3-5 施工成本控制主要包括以下哪几项内容为主要依据________。

A. 工程承包合同　B. 施工成本计划　C. 进度报告　D. 施工组织设计

E. 工程变更

6.4 施工项目成本核算

知识点导入

建筑安装工程项目，一般由单项工程、单位工程、分部工程以及分项工程组成。其中施工成本由人工费、材料费、机械使用费、措施费和间接费组成，但这些费用如何分配、如何归类等问题的解决应该属于成本核算的内容。

6.4.1 施工项目成本核算的意义

施工成本核算是对施工中各项费用支出和成本的形成进行核算，项目经理部作为施工项目的成本中心，应根据财务制度和会计制度的有关规定，在企业职能部门的指导下，建立项目成本核算制，明确项目成本核算的原则、范围、程序、方法、内容、责任及要求，并设置核算台账，记录原始数据。认真做好成本核算工作，对于加强成本管理，促进增产节约，发展企业生产都有着重要的意义。

1）通过工程施工项目成本核算，将各项生产费用按照它的用途和一定程序，直接计入或分配计入各项工程，正确算出各项工程的实际成本，将它与预算成本进行比较，可以检查预算成本的执行情况。

2）通过工程施工项目成本核算，可以及时反映施工过程中人力、物力、财力的耗费，检查人工费、材料费、机械使用费、措施费用的耗用情况和间接费用定额的执行情况，挖掘降低工程成本的潜力，节约人力和物力。

3）通过工程施工项目成本核算，可以计算施工企业各个施工单位的经济效益和各项承包工程合同的盈亏，分清各个单位的成本责任，在企业内部实行经济责任制，并便于学先进、找差距，开展技能竞赛。

4）通过工程施工项目成本核算，可以为各种不同类型的工程积累经济技术资料，为修订预算定额、施工定额提供依据。

为了搞好施工企业的工程成本核算，必须从管理要求出发，贯彻“算管结合、算为管用”的原则。管理企业离不开成本计算，但成本核算不是目的，而是管好企业的一个经济手段。离开管理去讲成本核算，成本核算也就失去了它应有的意义。

6.4.2　施工项目成本核算的特点

由于建筑产品具有多样性、固定性、形体庞大、价值巨大等不同于其他工业产品的特点，所以建筑产品的成本核算也具有如下特点：

1）项目成本核算内容繁杂、周期长。

2）成本核算需要全员的分工与协作，共同完成。

3）成本核算满足“三同步”（施工形象进度、施工产值统计、实际成本归集）要求的难度大。

4）在项目总分包制条件下，对分包商的实际成本很难把握。

5）在成本核算过程中，数据处理工作量巨大，应充分利用计算机，使核算工作程序化、标准化。

6.4.3　施工项目成本核算的任务和要求

1. 施工项目成本核算的任务

1）执行国家有关成本开支范围、费用开支标准、工程预算定额、企业施工预算和成本计划的有关规定。控制费用，促使项目合理、节约地使用人力、物力和财力。这是施工项目成本核算的先决前提和首要任务。

2）正确及时地核算施工过程中发生的各项费用，计算施工项目的实际成本。这是项目成本核算的主体和中心任务。

3）反映和监督施工项目成本计划的完成情况，为项目成本预算，为参与项目施工生产、技术和经营决策提供可靠的成本报告和有关资料，促进项目改善经营管理，降低成本，提高经济效益。这是施工项目成本核算的根本目的。

2. 施工项目成本核算的要求

（1）划清成本、费用支出和非成本、费用支出界限　划清不同性质的支出，即划清资本性支出和收益性支出与其他支出，营业支出与营业外支出的界限。这个界限也就是成本开支范围的界限。

（2）正确划分各种成本、费用的界限

1）划清施工项目工程成本和期间费用的界限。在制造成本法下，期间费用不是施工项目成本的一部分。所以正确划清两者的界限，是确保项目成本核算正确的重要条件。

2）划清本期工程成本与下期工程成本的界限。划清两者的界限，对于正确计算本期工程成本是十分重要的。实际上就是权责发生制原则的具体化，因此要正确核算各期的待摊费用和预提费用。

3）划清不同成本核算对象之间的成本界限。指要求各个成本核算对象的成本不得张冠李戴，相互混淆，否则就会失去成本核算的意义，造成成本不实，歪曲成本信息，引起决策上的重大失误。

4）划清未完工程成本与已完成工程成本的界限。施工项目成本的真实程度取决于未完施工和已完工程成本界限的正确划分，以及未完施工和已完工程成本计算方法的正确度。按月结算方式下的期末未完施工，要求项目在期末应对未完施工进行盘点，按照预算定额规定的工序，折合成已完分部分项工程量。再按照未完施工成本计算公式计算未完分部分项工程成本。

（3）加强成本核算的基础工作

1）建立各种财产物资的收发、领退、转移、报废、清查、盘点、索赔制度。

2）建立健全与成本核算有关的各项原始记录和工程量统计制度。

3）制定或修订工时、材料、费用等各项内部消耗定额以及材料、结构件、作业、劳务的内部结算指导价。

4）完善各种计量检测设施，严格计量检验制度，使项目成本核算具有可靠的基础。

（4）项目成本核算必须有账有据　成本核算中要运用大量数据资料，这些数据资料的来源必须真实可靠，准确、完整、及时。一定要以审核无误、手续齐备的原始凭证为依据。同时，还要设置必要的生产费用账册（正式成本账）进行登记，并增设必要的成本辅助台账。

6.4.4　施工项目成本核算的原则

（1）确认原则　只要是为了经营目的所发生的或预期要发生的，并要求得以补偿的一切支出都作为成本加以确认。

（2）分期核算原则　施工生产是不间断地进行，为了取得一定时期的施工项目成本，就必须将施工生产划分为若干时期，并分期计算各期项目成本。

（3）相关性原则　施工项目成本核算是要为项目成本管理服务，成本核算不只是简单的计算问题，要与管理融为一体，算为管用。

（4）连贯性原则　是指项目成本核算所采用的方法应前后一致。

（5）实际成本核算原则　是指施工项目成本核算要采用实际成本计价。

（6）及时性原则　是指项目成本核算、结转和成本信息的提供应当在要求时期内完成。

（7）配比原则　是指营业收入与其对应的成本、费用应当配合。

（8）权责发生制原则　是指凡是在当期已经实现的收入和已经发生或应当负担的费用，不论款项是否收付，都应作为当期的收入和费用；凡是不属于当期的收入和费用，即使款项已在当期收付，也不应作为当期的收入和费用。

试一试

6.4-1　成本核算中提到的“三同步”是指__________、__________、__________。

6.4-2　为了搞好施工企业的工程成本核算，必须从管理要求出发，贯彻__________的原则。

6.4-3　施工项目成本核算的根本目的是促进项目改善经营管理、__________、__________。

6.4-4　工程施工项目成本核算，可以为各种不同类型的工程积累经济技术资料，为修订__________、__________提供依据。

6.4-5　权责发生制原则的含义是______________________。

6.5　施工项目成本分析与考核

知识点导入

某项目本年节约“三材”的目标为100万元，实际节约120万元；上年节约95万元；本企业先进水平节约130万元。根据上述资料编制分析表（实际指标与目标指标、上期指标、先进水平对比表）。

施工项目成本分析，是根据会计核算、业务核算和统计核算提供的资料，对施工成本的形成过程和影响成本升降的因素进行分析。为了实现项目的成本控制目标，保质保量地完成施工任务，项目管理人员必须进行施工成本分析。施工项目成本考核是贯彻项目成本责任制的重要手段，也是项目管理激励机制的体现。

6.5.1　施工项目成本分析的作用

1）有助于恰当评价成本计划的执行结果。

2）揭示成本节约和超支的原因，进一步提高企业管理水平。

3）寻求进一步降低成本的途径和方法，不断提高企业的经济效益。

6.5.2　施工项目成本分析应遵守的原则

1）实事求是的原则。成本分析一定要有充分的事实依据，对事物进行实事求是的评价，并要尽可能做到措辞恰当，能为绝大多数人所接受。

2）用数据说话的原则。成本分析要充分利用会计核算、业务核算、统计核算和有关台账的数据进行定量分析，尽量避免抽象的定性分析。

3）时效性原则。成本分析要做到分析及时，发现问题及时，解决问题及时。

4）为生产经营服务的原则。成本分析不仅要揭露矛盾，而且要分析产生矛盾的原因，提出积极有效的解决矛盾的合理化建议。

6.5.3　施工项目成本分析的方法

1. 比较法

比较法又称指标对比分析法，就是通过技术经济指标的对比，检查目标的完成情况，分析产生差异的原因，进而挖掘内部潜力的方法。这种方法，具有通俗易懂、简单易行、便于掌握的特点，因而得到了广泛的应用。

对比分析法通常有下列形式：

1）将实际指标与目标指标对比。

2）本期实际指标和上期实际指标相比。

3）与本行业平均水平、先进水平对比。

【引例分析】利用比较法对本节导入案例进行分析，编制分析表见表6-2。

表6-2 实际指标与目标指标、上期指标、先进水平对比表 （单位：万元）

指标	本年目标数	上年实际数	企业先进水平	本年实际数	差异数		
					与目标比	与上年比	与先进比
“三材”节约额	100	95	130	120	+20	+25	-10

2. 因素分析法

因素分析法又称连环置换法，这种方法可用来分析各种因素对成本的影响程度。在进行分析时，首先要假定众多因素中的一个因素发生了变化，而其他因素则不变，然后逐个替换，分别比较其计算结果，以确定各个因素的变化对成本的影响程度。

具体步骤如下：

1）确定分析对象，并计算出实际数与目标数的差异。

2）确定该指标是由哪几个因素组成的，并按其相互关系进行排序。

3）以目标数为基础，将各因素的目标数相乘，作为分析替代的基数。

4）将各个因素的实际数按照上面的排列顺序进行替换计算，并将替换后的实际数保留下来。

5）将每次替换计算所得的结果，与前一次的计算结果相比较，两者的差异即为该因素对成本的影响程度。

6）各个因素的影响程度之和，应与分析对象的总差异相等。

必须指出，在应用这种方法时，各个因素的排列顺序应该固定不变，否则就会得出不同的计算结果，也会产生不同的结论。

【例6-1】某工程浇筑一层结构商品混凝土，目标成本为378 560元，实际成本为407 880元，比目标成本增加29 320元。根据下面表6-3的资料，用因素分析法分析其成本增加的原因。

表6-3 商品混凝土目标成本与实际成本对比表

项目	计划	实际	差额
产量/m^3	520	550	+30
单价/元	700	720	+20
损耗率（%）	4	3	-1
成本/元	378 560	407 880	+29 320

［**解**］1）分析对象是浇筑一层结构商品混凝土的成本，实际成本与目标成本的差额为29 320元。

2）该指标是由产量、单价、损耗率三个因素组成的，其排序见表6-3。

3）以目标数378 560元（520×700×1.04）为分析替代的基础。

4）替换：

第一次替换：产量因素以550替代520，得（550×700×1.04）元=400 400元。

第二次替换：单价因素以720替代700，并保留上次替换后的值，得411 840元，即(550×720×1.04)元=411 840元。

第三次替换：损耗率因素以1.03替代1.04，并保留上两次替换后的值，得407 880元。

5）计算差额：

第一次替换与目标数的差额=(400 400－378 560)元=21 840元

第二次替换与第一次替换的差额=(411 840－400 400)元=11 440元

第三次替换与第二次替换的差额=(407 880－411 840)元=－3 960元

产量增加使成本增加了21 840元，单价提高使成本增加了11 440元，而损耗率下降使成本降低了3 960元。

6）各因素的影响程度之和=(21 840＋11 440－3 960)元=29 320元，与实际成本和目标的总差额相等。

为了使用方便，企业也可以通过运用因素分析表来求出各因素的变动对实际成本的影响程度，其具体形式见表6-4。

表6-4　商品混凝土成本变动因素分析表

顺　序	连环替代计算	差异/元	因 素 分 析
目标数	520×700×1.04		
第一次替代	550×700×1.04	21 840	由于用量增加30m³，成本增加21 840元
第二次替代	550×720×1.04	11 440	由于单价提高20元，成本增加11 440元
第三次替代	550×720×1.03	－3 960	由于损耗率下降1%，成本减少3 960元
合　计	21 840＋11 440－3 960=29 320	29 320	

3. 差额计算法

差额计算法，是因素分析法的一种简化形式，它利用各个因素的目标与实际的差额来计算其对成本的影响程度。

【例6-2】某施工项目某月的实际成本降低额比目标数提高了2.00万元，具体见表6-5。

表6-5　降低成本目标与实际对比表

项　目	目　标	实　际	差　异
预算成本/万元	310	320	＋10
成本降低率(%)	4	4.5	＋0.5
成本降低额/万元	12.4	14.4	＋2.00

1）预算成本增加对成本降低额的影响程度(320－310)万元×4%=0.40万元

2）成本降低率提高对成本降低额的影响程度320万元×(4.5%－4%)=1.60万元

以上两项合计0.40万元＋1.60万元=2.00万元

4. 比率法

比率法，是指用两个以上指标的比例进行分析的方法。它的基本特点是：先把对比分析的数值变成相对数，再观察其相互之间的关系。常用的比率法有以下几种。

1）相关比率。由于项目经济活动的各个方面是互相联系，互相依存，又互相影响的，因而将两个性质不同而又相关的指标加以对比，求出比率，并以此来考察经营成果的好坏。例如，产值和工资是两个不同的概念，但它们的关系又是投入与产出的关系。在一般情况下，都希望以最少的人工费支出完成最大的产值。因此，用产值工资率指标来考核人工费的支出水平，就很能说明问题。

2）构成比率，又称比重分析法或结构对比分析法。通过构成比率，可以考察成本总量的构成情况以及各成本项目占成本总量的比重，同时也可看出量、本、利的比例关系（即预算成本、实际成本和降低成本的比例关系），从而为寻求降低成本的途径指明方向（表6-6）。

表6-6 成本构成比例分析表

成本项目/万元	预算成本		实际成本		降低成本		
	金额/万元	比重（%）	金额/万元	比重（%）	金额/万元	占本项（%）	占总量（%）
一、直接成本	1 264.06	93.20	1 200.31	92.38	63.75	5.04	4.70
1. 人工费	113.63	8.38	119.28	9.18	-5.65	-4.97	-0.42
2. 材料费	1 006.56	74.22	939.67	72.32	66.89	6.65	4.93
3. 机械使用费	87.60	6.46	89.65	6.90	-2.05	-2.34	-0.15
4. 其他间接费	56.27	4.14	51.71	3.98	4.56	8.10	0.34
二、间接成本	92.21	6.80	99.01	7.62	-6.80	-7.37	0.5
成本总量	1 356.27	100.00	1 299.32	100.00	56.95	4.20	4.20
量、本、利比例（%）	100.00	—	95.80	—	4.20	—	—

3）动态比率。动态比率法，就是将同类指标在不同时期时的数值进行对比，求出比率，以分析该项指标的发展方向和发展速度。动态比率的计算，通常采用基期指数（或稳定比指数）和环比指数两种方法（表6-7）。

表6-7 指标动态比较表

指　标	第一季度	第二季度	第三季度	第四季度
降低成本/万元	45.60	47.80	52.50	64.30
基期指数（%，一季度=100%）		104.82	115.13	141.01
环比指数（%，上一季度=100%）		104.82	109.83	122.48

6.5.4 施工项目成本考核的目的和内容

（1）成本考核的目的　成本考核的目的是通过衡量项目成本降低的实际成果，对成本指标完成情况进行总结和评价。

（2）成本考核的内容　成本考核的内容包括责任成本完成情况和成本管理工作业绩考核。具体考核是分层进行的，企业对项目经理部进行成本管理考核，项目经理部对项目内部各岗位及各作业队进行成本管理考核。

6.5.5　施工项目成本考核的原则

1）按照项目经理部人员分工，进行成本内容确定的原则。

2）简单易行、便于操作的原则。

3）及时性原则。

6.5.6　施工项目成本考核的方法

1）施工项目成本考核采取评分制。根据责任成本完成情况和成本管理工作业绩确定的权重，按考核的内容评分。

2）施工项目的成本考核要与相关指标的完成情况相结合。成本的考核评分要考虑相关指标的完成情况，予以嘉奖或扣罚。与成本考核相结合的相关指标，一般有进度、质量、安全和现场标准化管理。

3）强调项目成本的中间考核。中间考核一般有月度成本考核和阶段成本考核。

4）正确考核施工项目的竣工成本。竣工成本是在工程竣工和工程款结算的基础上编制的，它是竣工成本考核的依据，也是项目成本管理水平和项目经济效益的最终反映。

5）施工项目成本的奖罚。为贯彻责、权、利相结合的原则，在成本考核的基础上，确定成本奖罚标准，并通过经济合同的形式明确规定，及时兑现。这样才能调动职工的积极性，才能发挥全员成本管理的作用。

此外，企业领导和项目经理还可以对完成项目成本目标有突出贡献的部门、班组和个人进行随即奖励。这是项目成本奖励的另一种形式，不属于上述奖罚范围。这种形式，往往更能起到立竿见影的效果。

小知识

一头牛到水潭边去喝水，踩着了一群小蛙，并踩死了其中一只。小蛙妈妈回来后，见到少了一个儿子，便问他的兄弟们，它到哪里去了。一只小蛙说："亲爱的妈妈，它死了。刚才有一头巨大的四足兽来到潭边，用它的蹄子踩死了我们的兄弟。"蛙妈妈一边尽力鼓气，一边问道："那野兽是不是这个样子，这般大小呢?"小蛙说："妈妈，您别鼓气了。我想您不可能和那怪物一样大小，再鼓气就会把肚子胀破。"

所以，在社会上人和人不一样，能力也有很大的区别。每个人或每个单位要找好自己的位置，量力而行。

6.5-1　成本分析的基本方法包括________。

A. 比较法　　B. 统计法

C. 因素分析法　　D. 差额计算法

E. 比率法

6.5-2　先把对比分析的数值变成相对数，再观察其相互之间的关系的分析方法是________。

A. 比较法　　B. 比率法

C. 因素分析法　　D. 指标对比分析法

6.5-3　施工项目成本分析的基础是________。

A. 分部分项工程成本分析　　B. 月（季）度成本分析

C. 年度成本分析　　D. 竣工成本的综合分析

6.5-4　差额计算法是________的一种简化形式，它利用各个因素的目标值与实际值的差额来计算其对成本的影响程度。

A. 比较法　　B. 比率法

C. 因素分析法　　D. 指标对比分析法

6.5-5　________又称指标对比分析法，就是通过技术经济指标的对比，检查目标的完成情况，分析产生差异的原因，进而挖掘内部潜力的方法。

A. 比较法　　B. 比率法

C. 因素分析法　　D. 差额计算法

案例分析

1. 背景

某框架结构工程的混凝土目标成本为 1 936 896 元，实际成本为 1 873 446.4 元，比目标成本降低了 63 449.6 元。用因素分析法分析其原因。

2. 问题

（1）试述因素分析法的基本理论。

（2）根据表 6-8 的资料，用因素分析法分析其成本降低的原因。

表 6-8　商品混凝土目标成本与实际成本对比表

项　目	目标成本	实　际	差　额
工程量/m^3	3 840	3 920	+80
综合单价/元	485	464	-21
损耗率（%）	4	3	-1
成本/元	1 936 896.0	1 873 446.4	-63 449.6

3. 分析

（1）因素分析法的基本理论：因素分析法又称连锁置换法或连环代替法。这种方法可用来分析各种因素对成本形成的影响程度。在进行分析时，首先要假定众多因素中的一个因素发生了变化，而其他因素则不变，然后逐个替换，并分别比较其计算结果，以确定各个因素的变化对成本的影响程度。

因素分析法的计算步骤如下：

1）确定分析对象（即所分析的技术经济指标），并计算出实际与目标（或预算）数的差异。

2）确定该指标是由哪几个因素组成的，并按其相互关系进行排序。排序规则是：先实物量、后价值量，先绝对值、后相对值。

3）以目标（或预算）数为基础，将各因素的目标（或预算）数相乘，作为分析替代的基数。

4）将各个因素的实际数按照上面的排列顺序进行替换计算，并将替换后的实际数保留下来。

5）将每次替换计算所得的结果，与前一次的计算结果相比较，两者的差异即为该因素对成本的影响程度。

（2）分析成本增加的原因：

1）分析对象是某框架结构工程的混凝土成本，实际成本与目标成本的差额为 -63 449.6 元。该指标是由工程量、综合单价、损耗率三个因素组成的，其排序见表6-8。

2）以目标数1 936 896元（3 840×485×1.04）为分析替代的基础。

第一次替代工程量因素：以3 920替代3 840，（3 920×485×1.04）元=1 977 248元

第二次替代综合单价因素：以464替代485，并保留上次替代后的值，（3 920×464×1.04）元=1 891 635.2元

第三次替代损耗率因素：以1.03替代1.04，并保留上两次替代后的值，（3 920×464×1.03）元=1 873 446.4元

3）计算差额：

第一次替代与目标数的差额=（1 977 248-1 936 896）元=40 352元

第二次替代与第一次替代的差额=（1 891 635.2-1 977 248）元=-85 612.8元

第三次替代与第二次替代的差额=（1 873 446.4-1 891 635.2）元=-18 188.8元

4）工程量增加使成本增加了40 352元，综合单价降低使成本减少了85 612.8元，而损耗率下降使成本减少了18 188.8元。

5）各因素的影响程度之和=（40 352-85 612.8-18 188.8）元=-63 449.6元

6）为了使用方便，企业也可以通过运用因素分析表来求出各因素变动对实际成本的影响程度，其具体形式见表6-9。

表6-9 商品混凝土成本变动因素分析表

顺 序	连环替代计算	差异/元	因素分析
目标数	3 840×485×1.04		
第一次替代	3 920×485×1.04	40 352	由于工程量增加80m^3，成本增加40 352元
第二次替代	3 920×464×1.04	-85 612.8	由于单价降低21元，成本降低85 612.8元
第三次替代	3 920×464×1.03	-18 188.8	由于损耗率下降1%，成本减少18 188.8元
合 计		-63 449.6	总成本降低63 449.6元，占目标成本的3.28%

以上分析结果表明，本项目的成本管理效果是较好的，在工程量增加的前提下，由于使综合单价降低和损耗率下降，总成本降低了63 449.6元，占目标成本的3.28%。因此应进一步总结经验，提高成本的管理水平。

实训练习题

1. 背景

某施工项目某月的成本数据见下表：

项目	计划	实际	差异
预算成本/万元	600	640	
成本降低率（%）	4	5	
成本降低额/万元			

2. 问题

补充表格并应用差额计算法计算预算成本增加对成本的影响。

单元小结

本单元主要介绍了施工项目成本管理的相关概念以及施工项目成本计划、运行、核算、分析与考核等方面的知识，主要内容有：施工项目成本即某施工项目在施工过程中所发生的全部费用的总和；施工项目成本管理的过程中应包括施工项目成本预测、施工项目成本计划、施工项目成本控制、施工项目成本核算、施工项目成本分析和施工项目成本考核六项内容；施工项目成本控制的原则包括效益原则，“三全”原则，责、权、利相结合的原则，分级控制的原则和动态控制的原则；施工项目成本控制分为比较、分析、预测、纠偏、检查五步骤。施工项目成本核算应遵循确认原则、分期核算原则、相关性原则、连贯性原则、实际成本核算原则、及时性原则、配比原则、权责发生制原则这八大原则；成本考核的内容包括责任成本完成情况和成本管理工作业绩考核；具体考核是分层进行的，企业对项目经理部进行成本管理考核，项目经理部对项目内部各岗位及各作业队进行成本管理考核。

单元7

施工项目职业健康安全与环境管理

知识储备

为便于本单元内容的学习与理解，需要安全施工技术、安全生产法、建设工程安全生产管理条例、建设项目环境保护管理条例等方面的知识储备。

7.1 施工项目职业健康安全与环境管理概述

知识点导入

随着国际社会对环境和职业健康安全问题的日益关注，任何不重视员工利益和社会环境而生产出来的产品在进入国际市场时必然会遇到技术壁垒的障碍，失去竞争力，因此推进管理体系势在必行。而职业健康安全环境管理体系是一个系统化、程序化、文件化的管理体系，它强调预防为主，遵守国家职业健康安全和环境法律法规及其他要求，注重全过程控制，有针对性地改善企业职业健康安全和环境管理行为，以达到对职业健康安全和环境绩效的持续改进。下面我们来学习施工项目职业健康安全与环境管理的基本知识。

7.1.1 施工项目职业健康安全与环境管理的概念

1. 职业健康安全的概念

职业健康安全（以下简称 OHS）是国际上通用的词语。其定义为：影响工作场所内员工（包括临时工、合同工）、外来人员和其他人员安全与健康的条件和因素。

我国习惯上将 OHS 称为安全生产，通常指消除和控制生产经营全过程中的危险与危害因素，保障职工在职业活动中的安全与健康。在我国《宪法》中将保护劳动者的安全与健康称为“劳动保护”，而在《劳动法》中又称之为“劳动安全卫生”。

2. 职业健康安全管理体系的概念

职业健康安全管理体系是企业总的管理体系的一部分，是企业对与其业务相关的职业健康风险的管理。它包括为制定、实施、实现、评审和保持职业健康安全方针所需的组织机构、策划活动、职责、惯例、程序、过程和资源。

3. 环境的概念

环境是指组织运行活动的外部存在，包括空气、水、土地、自然资源、植物、动物、人以及它们之间的相互关系。

4. 环境管理体系的概念

环境管理体系是施工项目管理体系的一个组成部分，它包括为制定、实施、实现、评审和保持环境方针所需的组织结构、计划活动、职责、惯例、程序、过程和资源。

7.1.2 施工项目职业健康安全与环境管理的目的和任务

1. 施工项目职业健康安全与环境管理的目的

施工项目职业健康安全与环境管理的目的是保护生产者和使用者的健康与安全。控制影响工作场所内的员工、临时工作人员、合同方人员、访问者和其他有关部门人员健康和安全的条件和因素，同时还应考虑和避免因使用者造成的健康和安全危害。

2. 施工项目职业健康安全与环境管理的任务

施工项目职业健康安全与环境管理的任务是建筑生产组织（企业）为达到建筑工程职业健康安全与环境管理的目的而进行的组织、计划、控制、领导和协调活动，包括制定、实施、实现、评审和保持职业健康安全与环境方针所需的组织机构、计划活动、职责、惯例、程序，并为此建立职业健康安全与环境管理体系。

7.1.3 施工项目职业健康安全与环境管理的特点

1. 复杂性

建筑产品生产的长期性、固定性，涉及主体很多，而且受到外界环境的影响，决定了施工项目职业健康安全与环境管理的复杂性。

2. 多样性

建筑产品的多样性和生产的单件性决定了施工项目职业健康安全与环境管理的多样性。

3. 协调性

建筑产品生产的连续性和专业分工决定了施工项目职业健康安全与环境管理的协调性。

4. 不符合性

市场竞争条件下，业主对投标报价压低与施工企业加大施工项目职业健康安全与环境管理投入的矛盾，决定了施工项目职业健康安全与环境管理的不符合性。

5. 持续性

建设工程项目建设程序从立项到投产使用，每一阶段都涉及职业健康安全与环境管理的问题，这就决定了施工项目职业健康安全与环境管理的持续性。

6. 经济性

施工项目职业健康安全与环境管理工作的开展都离不开建造成本的消耗，这就决定了施工项目职业健康安全与环境管理的经济性。

7.1.4 施工项目职业健康安全体系的基本框架

1. 职业健康安全管理体系框架构成

1）国际发展状况。早在20世纪80年代末90年代初，一些跨国公司和大型的现代化联合企业为强化自己的社会关注力和控制损失的需要，开始建立自律性的职业安全健康与环境保护的管理制度，并逐步形成了比较完善的体系。1996 年，国际标准化组织（ISO）组织召开了职业安全健康管理体系（OSHMS）标准国际研讨会。跨入新世纪，职业安全健康管理体系引起国际上更广泛的注意。国际劳工组织（ILO）从 1998 年开始制定国际化的职业安全健康管理体系文件。2001 年 6 月，ILO 理事会审议、批准印发职业安全健康管理体系导则（ILO-OSH 2001），使得职业安全健康管理体系的实施成为今后安全生产领域最主要的工作内容之一。ILO 导则中推荐的职业安全健康管理体系国家框架如图 7-1 所示。

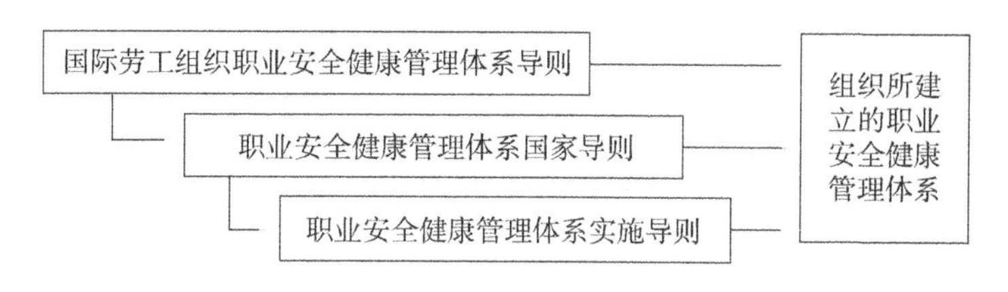

图 7-1　职业安全健康管理体系国家框架

2）国内发展状况。我国在职业安全健康标准化问题提出之初就十分重视。1996 年，我国成立了职业安全健康管理标准化协调小组。1998 年中国劳动保护科学技术学会提出了《职业安全卫生管理体系——规范及使用指南》（CSSTLP1001）。

1999 年 10 月原国家经贸委（现部分职能划归发改委）颁布了《职业安全卫生管理体系试行标准》和下发了在国内开展 OSHMS（职业安全健康管理体系）试点工作的通知。在我国开展职业安全健康管理体系认证试点工作以来，很多企业对建立和实施职业安全健康管理体系表现出很高的热情，工作进展较快，社会反响很大。

2001 年 11 月 12 日，国家质量监督检验检疫总局正式颁布了《职业健康安全管理体系　规范》（GB/T 28001—2001），自 2002 年 1 月 1 日起实施，属推荐性国家标准。

2011 年 12 月 30 日发布了 2011 版 GB/T 28001，正式实施日期为 2012 年 2 月 1 日。2020 年 3 月 6 日，国家发布了《职业健康安全管理体系　要求及使用指南》（GB/T 45001—2020），新标准在旧标准的基础上进行了重大技术改进，吸收了优秀的国内外实践经验，通过先进的、系统化的科学管理技术来提高职业健康安全管理水平，以求预防和尽可能减少职业健康安全伤害及健康损害。

我国的职业安全健康管理体系国家框架如图 7-2 所示。

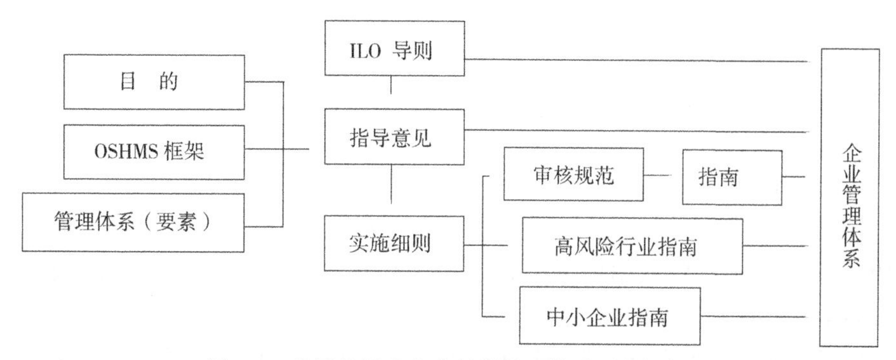

图 7-2　我国的职业安全健康管理体系国家框架

2. 职业健康安全问题产生的原因

1）人的不安全行为。

2）物的不安全状态。

3）组织管理不力。

3. 实施和认证职业健康安全体系的意义

1）全面规范、改进企业职业安全与卫生管理，保障企业员工的职业健康与生命安全，保障企业的财产安全，提高工作效率。

2）改善与政府、员工、社区的公共关系，提高企业声誉。

3）提供持续满足法律法规要求的机制，降低企业风险，预防事故发生。

4）克服产品及服务在国内外贸易活动中的非关税贸易壁垒，取得进入国际市场的通行证。

5）提高金融信贷信用等级，降低保险成本。

6）提高企业的综合竞争力等。

7.1.5 施工项目环境管理体系的基本框架

1. 环境管理的意义

环境管理体系是在遵守法规的框架下，使组织能持续改进环境表现。获得国际承认的环境管理体系 ISO14001 认证，可以帮助项目通过管理减少不确定性、增加竞争力，避免国际贸易壁垒。

2. 施工项目环境管理体系的作用

1）保护人类生存和发展的需要。

2）国民经济可持续发展的需要。

3）建立市场经济体制的需要。

4）国内贸易发展的需要。

5）环境管理现代化的需要。

6）协调各国管理性“指令”和控制文件的需要。

3. 我国施工项目环境管理体系

我国施工项目环境管理体系模式如图 7-3 所示。

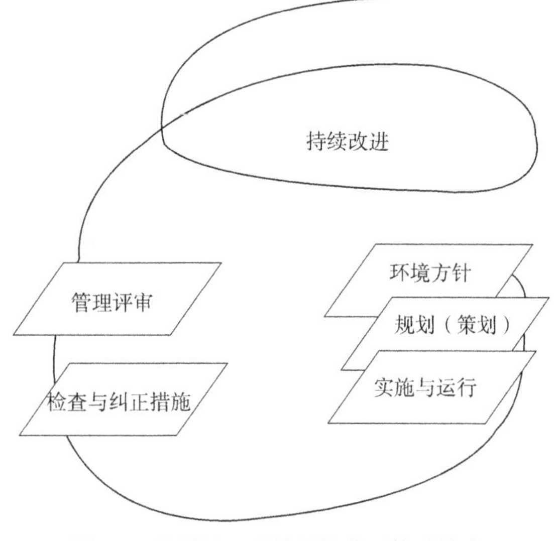

图 7-3 我国施工项目环境管理体系模式

7.1.6 施工项目职业健康安全体系与环境管理体系的异同

1. 准则要求的异同

环境体系所依据的准则是《环境管理体系 要求及使用指南》（GB/T 24001—2016），职业健康安全管理体系所依据的准则是《职业健康安全管理体系 要求及使用指南》（GB/T 45001—2020）。

两个体系的相同之处在于：都遵循 PDCA 循环的原理；都强调系统化、标准化、程序化、文件化的管理；采用相同的要素管理模式，即具备相同的管理思路。正因为如此，环境管理体系与健康安全管理体系的整合，在各类整合的体系中，是最具备基础，最容易有机融合的。

两个体系之间的差异在于两者依据准则上的差异：管理目的、管理对象、管理内容、具体控制要求的差异。管理目的、对象、内容上的差异较为明显，而具体控制要求的差异因其较为细微而需要特别加以注意，细心识别。

2. 控制要求的异同

职业健康安全体系与环境管理体系中各要素的控制要求基本是相同的。但如果详细对照，两个标准（准则）间相对应要素的具体控制要求，几乎在每一相关条款中都有细小的区别。

试一试

7.1-1　“OHS”指的是____。

7.1-2　环境是指组织运行活动的外部存在，包括空气、水、________、自然资源、________、动物、人，以及____________________。

7.1-3　施工项目职业健康安全与环境管理的目的是____________________。

7.1-4　实施和认证职业健康安全问题产生的原因包括：____________________，____________________，____________________。

7.1-5　建筑产品的多样性和生产的单件性决定了施工项目职业健康安全与环境管理的______。

A. 复杂性　　B. 多样性　　C. 协调性　　D. 持续性

7.1-6　建筑产品生产的长期性、固定性涉及主体很多，而且受到外界环境的影响，决定了施工项目职业健康安全与环境管理的______。

A. 复杂性　　B. 多样性　　C. 协调性　　D. 持续性

7.1-7　建设工程职业健康安全与环境管理的特点是______。

A. 一次性与协调性　　B. 公共性与多样性

C. 复杂性与多样性　　D. 相关性与持续性

7.1-8　PDCA 循环的原理中“D”指的是______。

A. 计划　　B. 执行　　C. 检查　　D. 处理

7.1-9　______不属于施工项目职业健康安全体系与环境管理体系的差异。

A. PDCA 循环的原理　　B. 管理目的

C. 管理内容　　D. 管理对象

7.2　我国职业健康安全管理体系运作现状及解决方法

知识点导入

职业健康安全管理体系实施于20世纪90年代，世界各国无不感受到以现代安全生产管理模式的职业健康安全管理体系的影响。它在全球范围的兴起，要求企业在实现利润最大化的前提下，必须承担职业健康安全管理等方面的社会责任。我国施工企业在这方面的现状和存在的问题，将是本节学习的主要内容。

7.2.1 职业健康安全管理体系运作的现状和存在的问题

自国内安全管理引入职业健康安全管理体系以来，各施工企业都开始进行职业健康安全管理体系的建立并先后取得体系认证，在施工生产中将原有的安全管理模式规范化、文件化、系统化地结合到职业健康安全管理体系中，使安全管理工作成为循序渐进、有章可循、自觉执行的管理行为。施工行业的安全管理水平有了明显提高。经过几年的推行和体系的运作，总结出有各自体系特色的成功经验和办法，但也不同程度地存在如下问题和误区：

1）职业健康安全管理体系在推行之初，由于体系未能良性运作，发挥正常作用，出现与现场安全管理不兼容、结合不紧密的情况，使部分员工思想上对体系存有质疑态度，认为企业推行职业健康安全管理体系是新建立一套安全管理体制，摒弃了原有行之有效的安全管理制度，认识上未能将两者有机结合。

2）部分员工在施工生产管理中职业健康安全管理体系的意识还比较淡薄，对体系的管理在相当程度上仍停留在应付记录文件的填写、内审检查的准备方面，对建立和实施安全管理体系的意义和作用理解不够。

3）没有真正掌握风险管理的内涵，存在危害识别和风险评价工作重点不清，风险级别把握不全，危害识别和风险评价的结果不能及时更新，没有根据施工现场的情况、施工条件发生的变化开展动态危害识别和风险评价工作，使现场作业人员不明确必须控制的真正危险点，控制措施得不到有效落实等问题。

4）未与企业现有的质量、环境管理体系记录文件有效结合，形成统一的管理记录模式。体系的记录文件与各职能部门一些管理性的记录表格（施工作业表、检查整改反馈表、施工交底记录等）产生冲突，造成重复性的工作增大了执行层的工作分量和压力。给各职能部门正常工作造成一定影响。

5）职业健康安全管理体系管理手册中各职能部门沟通欠缺、职责划分不清、程序文件接口不明确，体系运作中易出现推卸责任和扯皮现象，形成体系管理的真空地带，给体系实施带来一定的工作难度。

6）针对风险识别和风险评估确定重大危害因素，制定的管理方案在实施和落实方面仍存在一定差距。对管理方案中确定的项目内容和完成时间不能及时和企业年度计划相结合，不能保证足够的资金投入和物资材料投入，不能实施定期检查和跟踪以及对完成情况进行评价，对整体效果进行验证。

7）企业内部职业健康安全管理体系的内审员组成较为薄弱，未经过严格的培训考核，在理论水平、专业素质等方面仍有欠缺，不能及时发现和总结体系运行过程中存在的问题和差距，甚至产生误导作用，给体系有效运行带来不利因素。

7.2.2 解决问题应注意的方面

有针对性地解决职业健康安全管理体系实施过程中出现的各类问题，要注意做好以下几个方面的技术措施。

1. 建立适合企业自身实际的职业健康安全管理体系标准构架

建造好的体系结构，会对以后体系的运作起到决定性的作用。首先要面对自己企业的实际情况，对施工组织模式、施工场所、技术工艺、职工素质做科学细致的分析，建立企业自己的易于操作执行、简洁高效的管理手册、程序文件及体系支撑性文件。

2. 重视职业健康安全管理体系的宣传工作

体系面对的对象是企业的各级员工，也靠基层的员工来执行，体系的宣传不能仅局限于管理层、高层的宣传，要普及基层的员工，尤其在体系完成的试运行阶段，通过集中办班、印制通俗易懂的小宣传册、企业的传媒宣传报道、在施工生产现场和班组工作间广泛宣传危害辨识卡等形式多样的培训、宣传普及体系知识，使职工在体系贯彻开始就有一个好的体系习惯。同时培训出一批合格的体系内审员，做好体系的正常良性运作，能够及时找出体系的误差，不至于偏离方向。

3. 把握好职业健康安全管理体系在施工管理的重点控制环节

职业健康安全管理体系是企业安全管理的载体，最终实现各项安全目标的控制还需要在施工过程中得以落实和实现，也是在基层得以检验效果的。体系执行得是否到位是安全目标得以实现的关键，为此在关键环节上需有的放矢、重点突破。解决好执行过程中的难点需要把握住体系的几个重点控制环节。

（1）做好做实危险点的辨识和控制　危险点的辨识和控制是体系的核心。施工企业安全事故的性质和危害程度的差异性，要求危险点的辨识和控制工作要分清轻重缓急，重点突出。危险点辨识包括两方面的内容，一是识别系统中可能存在的危险、有害因素的种类，这是识别工作的首要任务；二是在此基础上进一步识别各种危险、有害因素的危害程度。这要求在施工前识别人员要熟知作业现场环境，明确具体工作任务、工作方法和把握作业人员的思想意识、技能水平、人员组合、工器具机械装备的状态，透彻分析施工中的可能影响因素，善于找出关键、抓住重点，根据危害发生的可能性和危害造成的后果判定出危害程度的风险等级并加以有效控制。

（2）做好基层班组对体系的执行和落实工作　班组是危险点辨识和控制的基础层。从危险点的查找到在具体工作中的督促实施、记录跟踪，大量的工作都要落实在班组。这首先要求班长带头接受危险点的辨识和控制这种安全管理的科学方法，使危险点分析预控工作能够结合本班实际有效地开展，在新开项目施工交底中，将施工作业指导书中的危险点及控制措施交代清楚，进行确认签证，落实到人。在工作过程中，严格监督，保证各项控制措施的严格执行。对现场环境、作业条件、人员变化等引发的新的危险点，要及时采取补充措施，落实到位。若在现场落实这个关键环节不到位，则易造成事故的发生，从而功亏一篑。

小知识

在某电厂工程 4 号机组磨煤机内部倒锥体安装施工过程中，施工作业指导书已辨识出危险点及控制措施的情况下，由于确认签证工作不到位，对临时吊耳焊接质量检查工作未确认而签字，导致起吊过程中吊耳断裂，使施工人员受倒锥体挤压死亡，造成惨痛的教训。因此，落实各项控制措施在基层班组中的严格执行尤为重要，企业职能科室和工区（公司）要加强对班组的指导、督促，使危险点的辨识和控制在实践中不断完善，取得良好的实效。

（3）合理整合企业现有管理体系资源　目前大多数施工企业具有质量管理体系和环境管理体系的认证，这些都是企业的管理性标准，有相同的管理理论和思想，在不同的技术标准支撑下以不同的运行控制进行着同样的管理循环。记录控制、内审与管理评审等基本程序在结构和内容上相似，具备了体系一体化运行的理论基础。体系合并一体化运行具有很大的优势，可以统一调配、使用资源，共享文件和记录，减少管理环节，降低管理和体系运行的成本，避免不同体系之间的矛盾，解决体系运行相互之间衔接不良的问题，有利于提高各管理体系的效率和企业的整体管理水平。

4. 重视企业内审

职业健康安全管理体系是一个动态性很强的体系，它要求企业在实施职业健康安全管理体系时始终保持持续改进意识，对体系进行不断修订和完善，使体系功能不断加强。通过内审这个自我检查过程，可以修正体系的偏差及加强体系的适应性，找出管理的弱点，具有自我调节、自我完善的重要作用。内审范围应全面、详细，对各职业健康安全目标的记录都应进行全面评估，全面覆盖职业健康安全管理体系标准和初始评审中辨识的重大危害和风险因素。内审的结果，将直接对体系是否符合标准、是否完成了企业的职业健康安全目标和指标做出判断，并使它能够与企业的其他管理活动进行有效的融合，达到企业不断提高检查、纠错、验证、评审和改进职业健康安全工作能力的目的。

试一试

7.2-1 ________________是职业健康安全管理体系的核心；________是危险点的辨识和控制的基础层。

7.2-2 确定危险点辨识包括两方面的内容，一是______________________________，这是因素识别工作的首要任务；二是在此基础上进一步识别各种危险、有害因素的危害程度。

7.2-3 职业健康安全管理体系与安全管理制度的关系是________。

A. 相互取代的两种制度　　B. 互不相关

C. 相互兼容，联系紧密　　D. 都不对

7.2-4 危险点的辨识和控制的基础层是________。

A. 班组　　B. 项目部　　C. 企业　　D. 都不对

7.3 施工项目职业健康安全技术措施计划

知识点导入

施工项目职业健康安全技术措施计划的编制很重要，编制后就要执行，执行效果才是衡量施工项目职业健康安全技术措施是否有效的重要依据。这一节，我们来学习施工项目职业健康安全技术措施计划的实施。

7.3.1　施工项目职业健康安全技术措施计划的概念

1. 主要内容

施工项目职业健康安全技术措施计划的主要内容包括工程概况、控制目标、控制程序、组织机构、职责权限、规章制度、资源配置、安全措施、检查评价、奖惩制度等。

2. 编制计划的注意事项

编制施工项目职业健康安全技术措施计划时，应注意如下内容。

1）对结构复杂、施工难度大、专业性较强的工程项目，除制订项目总体安全保证计划外，还必须制订单位工程或分部分项工程的安全技术措施。

2）对高处作业、井下作业等专业性强的作业，电气、压力容器等特殊工种作业，应制定单项安全技术规程，并应对管理人员和操作人员的安全作业资格和身体状况进行合格检查。

3）制定和完善施工安全操作规程，编制各施工工种，特别是危险性较大工种的安全施工操作要求，作为规范和检查考核员工安全生产行为的依据。

4）制订施工安全技术措施。施工安全技术措施包括安全防护设施的设置和安全预防措施，主要有防火、防毒、防爆、防洪、防尘、防雷击、防触电、防坍塌、防物体打击、防机械伤害、防起重设备滑落、防高空坠落、防交通事故、防寒、防暑、防疫、防环境污染等方面的措施。

7.3.2　施工项目职业健康安全技术措施计划的实施

1. 建立施工项目职业健康安全管理组织机构

搞好项目施工安全生产，领导是关键。建立健全的以项目经理为首的分级负责安全生产管理保证体系，同时建立和健全专管成线、群管成网的安全管理组织机构，是项目施工安全管理的前提条件。根据上述原则，项目经理为安全生产的第一责任人，各项目应成立安全管理小组，配备专职安全员一人，并将班组长列为兼职安全员。

施工项目职业健康安全管理组织机构如图 7-4 所示。

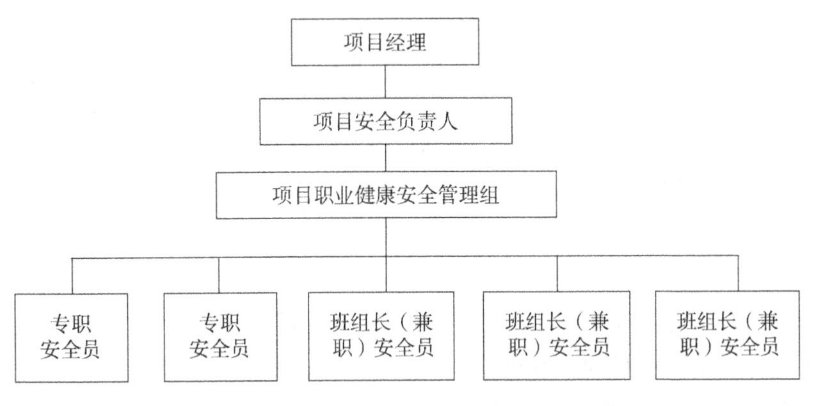

图 7-4　施工项目职业健康安全管理组织机构图

2. 运行施工项目职业健康安全管理制度

加强施工项目的安全管理，制定确实可行的安全管理制度和措施十分重要。施工企业要根据安全管理制度落实安全责任，实施责任管理，加强安全教育，例行安全检查。安全管理制度在项目施工管理运作中主要体现在以下几个方面。

1）编制安全生产技术措施制度。除施工组织设计对安全生产有原则要求外，凡重大分项工程的施工分别由施工队、项目经理部编制安全生产技术措施，措施要有针对性。施工队、专业承包队编制的安全生产措施由项目总工程师审批，项目部编制的安全生产措施由企业总工程师审批。

2）安全技术交底制度。由项目总工程师向项目技术负责人或技术员交底，技术负责人向施工队各专业施工员交底，施工队各专业施工员向班组长及工人交底。交底要有文字资料，内容要求全面、具体、针对性要强。交底人、接受人均应在交底资料上签字，并注明交底日期。

3）特殊工种职工实行持证上岗制度。对电工、电气焊工、起重吊装工、机械操作工、架子工等特殊工种实行持证上岗，无证者不得从事上述工种的作业。

4）安全检查制度。项目部每半月、施工队每十天定期进行安全检查，平时进行不定期检查，每次检查都要有记录，对查出的事故隐患要限期整改。对未按要求整改的单位或当事人要给予经济处罚，直至停工整顿。

5）安全验收制度。凡大中型机械安装、脚手架搭设、电气线路架设等项目完成后，都必须经过有关部门检查验收合格后，方可试用或投入使用。

6）安全生产责任制度。工程实行项目“两制”，任命项目经理时，项目经理与企业签订安全生产责任书、劳务队与项目部签订安全生产合同；工程开工时，操作工人与劳务队签订安全生产合同并订立安全生产誓约；用合同和誓约来强化各级领导和全体员工的安全责任及安全意识，加强自身安全保护意识。

7）事故处理“四不放过”制度。坚持控制人的不安全行为与物的不安全状态：人、物和环境因素的作用是事故的根本原因，从对人和物的管理方面去分析事故。发生安全事故，必须严格查处。做到对事故原因不明、责任不清、责任者未受到教育、没有预防措施或措施不力不得放过的“四不放过”制度。

8）安全管理兼容文明施工的原则。坚持安全管理原则即坚持安全与生产同步，管生产必须抓安全，安全寓于生产之中，并对生产发挥促进与保证作用。安全工作不是少数人和安全机构的事，而是一切与生产有关的人的共同事情，缺乏全员的参与，安全管理不会有生机，效果也不会明显。生产组织者在安全管理中的作用固然重要，全员性参与安全管理也是十分重要的。因此，生产活动中对安全工作必须是全员、全过程、全方位、全天候的动态管理。

企业的安全生产管理制度要有专项的安全技术审核制度，与工程项目各相关单位共同对项目的建设进行全方位安全把关、统一协调安全管理工作，消除生产中的不安全因素，从专业技术上保证工程项目的顺利进行。

3. 安全教育

1）广泛开展安全生产的宣传教育，使全体员工真正认识到安全生产的重要性和必要性，懂得安全生产和文明施工的科学知识，牢固树立“安全第一”的思想，自觉遵守各项安全生产法律法规和规章制度。

2）把安全知识、安全技能、设备性能、操作规程、安全法规等作为安全教育的主要内容。

3）建立经常性的安全教育考核制度，考核成绩要记入员工档案。

4）电工、电焊工、架子工、司炉工、爆破工、机操工、起重工、机械司机、机动车辆司机等特殊工种工人，除一般安全教育外，还要经过专业安全技能培训，经考试合格持证后，方可独立操作。

5）采用新技术、新工艺、新设备施工和调换工作岗位时，也要进行安全教育，未经安全教育培训的人员不得上岗操作。

4. 安全技术交底

（1）安全技术交底的基本要求

1）项目经理部必须实行逐级安全技术交底制度，纵向延伸到班组全体作业人员。

2）技术交底必须具体、明确，针对性强。

3）技术交底的内容应针对分部分项工程施工中给作业人员带来的潜在危害和存在问题。

4）应优先采用新的安全技术措施。

5）应将工程概况、施工方法、施工程序、安全技术措施等向工长、班组长进行详细交底。

6）定期向由两个以上作业队和多工种进行交叉施工的作业队伍进行书面交底。

7）保持书面安全技术交底签字记录。

（2）安全技术交底主要内容

1）本工程项目的施工作业特点和危险点。

2）针对危险点的具体预防措施。

3）应注意的安全事项。

4）相应的安全操作规程和标准。

5）发生事故后应及时采取的避难和急救措施。

5. 安全检查

工程项目安全检查的目的是为了消除隐患、防止事故、改善劳动条件及提高员工安全生产意识，是安全控制工作的一项重要内容。通过安全检查可以发现工程中的危险因素，以便有计划地采取措施，保证安全生产。施工项目的安全检查应由项目经理组织，定期进行。

（1）安全检查的类型　安全检查可分为日常性检查、专业性检查、季节性检查、节假日前后的检查和不定期检查。

1）日常性检查，即经常的、普遍的检查。企业一般每年进行1～4次；工程项目组、车间、科室每月至少进行一次；班组每周、每班次都应进行检查。专职安全技术人员的日常检查应该有计划、针对重点部位周期性地进行。

2）专业性检查，是针对特种作业、特种设备、特殊场所进行的检查，如对电焊、气焊、起重设备、运输车辆、锅炉压力容器、易燃易爆场所等所进行的检查。

3）季节性检查，是指根据季节特点，为保障安全生产的特殊要求所进行的检查。如春季风大，要着重防火、防爆；夏季高温多雨雷电，要着重防暑、降温、防汛、防雷击、防触电；冬季着重防寒、防冻等。

4）节假日前后的检查。由于节假日期间易产生麻痹思想，是安全事故高发的阶段，要针对这一特点，制订详细的计划，搞好节假日期间的安全生产安排，并应有领导进行值班。

5）不定期检查，主要指工程或设备开工和停工前，检修中及工程或设备竣工的安全检查。

（2）安全检查的主要内容

1）查思想。主要检查企业的领导和职工对安全生产工作的认识。

2）查管理。主要检查工程的安全生产管理是否有效。主要内容包括：安全生产责任制，安全技术措施计划，安全组织机构，安全保证措施，安全技术交底，安全教育，持证上岗，安全设施，安全标识，操作规程，违规行为，安全记录等。

3）查隐患。主要检查作业现场是否符合安全生产、文明生产的要求。

4）查整改。主要检查对过去提出问题的整改情况。

5）查事故处理。对安全事故的处理应达到查明事故原因，明确责任并对责任者做出处理，明确和落实整改措施等要求。同时还应检查对伤亡事故是否及时报告、认真调查、严肃处理。

安全检查的重点是违章指挥和违章作业。安全检查后应编制安全检查报告，说明已达标项目，未达标项目，存在问题，原因分析，纠正和预防措施。

试一试

7.3-1　建立健全以__________为首的分级负责安全生产管理保证体系，同时建立和健全专管成线、群管成网的安全管理组织机构，是项目施工安全管理的前提条件。

7.3-2　安全管理制度包括：编制安全生产技术措施制度、安全技术交底制度、______________、安全检查制度、______________、安全生产责任制度、事故处理“四不放过”制度、______________。

7.3-3　安全技术交底是指____。

7.3-4　安全技术交底的主要内容：本工程项目的施工作业特点和危险点；针对危险点的具体预防措施；____________________；____________________；发生事故后应及时采取的避难和急救措施。

7.3-5　工程项目安全检查的目的____，是安全控制工作的一项重要内容。

7.3-6　安全检查可分为__________、专业性检查、__________、节假日前后的检查和不定期检查。

7.3-7　安全检查的重点是违章指挥和______________。

7.3-8　________是安全生产的第一责任人。

A. 安全员　　B. 项目经理　　C. 监理　　D. 业主

7.3-9　项目部编制的安全生产措施由________审批。

A. 安全员　　B. 项目经理　　C. 监理　　D. 企业总工程师

7.3-10　根据季节特点，为保障安全生产的特殊要求所进行的检查称为________。

A. 日常性检查　　B. 专业性检查　　C. 季节性检查　　D. 例行检查

7.3-11　施工项目职业健康安全技术措施计划的主要内容包括：________、控制目标、控制程序、组织机构、________、规章制度、资源配置、________、检查评价、奖惩制度等。

7.3-12　施工安全技术措施包括____________________和安全预防措施。

7.4　施工项目职业健康安全隐患和事故处理

知识点导入

要做好施工项目职业健康安全管理工作，应该对各种可能涉及职业健康安全的隐患进行了解，然后有针对性地采取措施对健康安全事故进行处理。

7.4.1　职业健康安全隐患的确定和分类

1. 职业健康安全隐患的确定

凡涉及下列内容时，可视为是隐患：

1）作业人员精神不振、有情绪、有不安全行为、违章作业。

2）机械设备带病作业、作业人员疲劳操作、指挥人员不到位、起重索具质量不合格、机械设备超时运行。

3）安全材料使用不规范，有损坏和缺陷。

4）施工管理和工艺不完善，对不安全因素无有效的措施进行控制。

5）工作环境有缺陷。

2. 职业健康安全隐患分类

1）一般事故隐患。指不立即引发安全事故的行为，如资源状态、机械设备运行、作业方法、环境的问题。

2）严重事故隐患。指违反《建筑施工安全检查标准》和《现场施工安全生产管理规范》的行为，如资源状态、机械设备运行、作业方法、环境的缺陷，使安保体系造成运行缺损，若不加阻止有可能直接导致事故发生的隐患。

小知识

1. 某企业一名女车工，生育后休假六个月，恢复上班第一天因身体不能适应工作环境，而造成右手拇指致残。

2. 某企业一名电工，人到中年，因病魔夺去爱妻的生命，在作业过程中心情悲痛，注意力受到影响而导致触电死亡。

以上案例说明上岗前必须进行安全培训，对有特殊情况的人员要安排其休息，不宜再坚持工作。

7.4.2　事故隐患的报告

一般事故隐患由各级检查人员直接报告当事责任人及现场和项目部安全员。严重事故隐患除由各级检查人员直接报告当事责任人及现场和项目部安全员外，还应在2小时内先口头再以书面报告公司安监部，并填写事故隐患报告单。项目部各施工现场对由上级主管部门，市、区行政管理部门检查的结果，应及时上报公司安监部。

7.4.3　事故隐患的处理

1. 一般事故隐患处理

公司项目经理部对各施工现场一般事故隐患的当事责任人，进行当场批评教育、口头警告、限其立即整改的处理，必要时填安全检查通知单，或转入安全生产纠正和预防措施控制程序。

2. 严重事故隐患处理

1）项目经理部各施工现场执行上条措施。

2）公司安监部除当场批评教育、警告外，应签发安全检查整改情况表予以限期整改，或转入安全生产纠正和预防措施控制程序。

3）对于机械事故隐患，公司项目经理部各施工现场，通过检查填写机械巡回检查整改情况表，或转入安全生产纠正和预防措施控制程序。

3. 事故隐患的纠正处置

1）对有不安全行为人员进行教育或处罚。

2）对不符合要求的资源、资源状态，要停止使用、就地封存、待鉴定或重新处置。

3）有故障的机械设备及时修理或更换。

4）纠正不规范的操作规程和方法，调整、补充、完善安保计划中的不适合内容，对不安全生产过程重新组织，完善管理。

5）对环境的缺陷应指定专人进行整改，对整改尚未达到标准的项目必须进行返工，直至满足要求为止。

7.4.4　事故隐患的验证

1）一般事故隐患的验证由各级检查人员、现场和项目经理部安全员复查验证。

2）严重的事故隐患，由签发整改通知单的部门（项目经理部、施工现场）复查验证，并执行安全生产纠正和预防措施控制程序逐项封闭。

7.4.5　安全事故的报告与处理

1）项目经理部各施工现场，在施工生产过程中，安全生产事故发生与否都必须在当月底将安全生产状况向公司安监部上报，填写工程建设质量与安全事故（月）报表，见表7-1。

表7-1 工程建设质量与安全事故（月）报表

______年______月份

报表统计	________年____月25日8:00至____月25日8:00					
工程名称						
总体情况	事故分类		特别	重大	较大	一般
	事故起数					
	伤亡人数	死亡				
		伤				
	经济损失/万元					
	与上月对比情况					
	与去年同期对比					
	采取的应对措施					
详细情况	事故发生时间					
	事故发生地点					
	起因和经过					
	主要责任单位					
	责任人					
	伤亡详细情况					
	经济损失详细情况					
	采取的具体应对措施					
	事故处理情况					
特点分析						
趋势预测						
对策建议						
填表人			分管领导签字			

2）各施工现场，因事故隐患导致发生安全生产事故，项目经理部应立即（2小时内）以口头形式向公司主要领导、安监部报告，在当月以书面方式向公司安监部报告，同时保护好事发现场，采取必要措施抢救人员和财产，以防事故扩大。

3）公司接到安全事故报告后，即时到现场进行调查、取证，并根据事故性质向上级书面报送，填写企业职工伤亡事故快报表。

4）一般事故由项目经理部组织观察现场，并取证、调查、分析原因，按事故的责任划分进行处理，将处理决定上报公司安监部、工程部。

5）重伤、死亡事故由公司主要领导组织，安监部实施，项目经理部配合，通过对事发现场的观察、取证、调查、分析原因，视事故的性质、大小、责任的划分按《生产安全事故报告和调查处理条例》予以处理。

6）公司、项目经理部各施工现场在事故调查、分析、明确事发原因的基础上，开展对事故责任者和作业人员的安全教育，举一反三，制订防范、纠正和预防措施，并执行安全生产纠正和预防措施控制程序。

试一试

7.4-1 职业健康安全隐患分类：____________________和严重事故隐患。

7.4-2 严重事故隐患指____。

7.4-3 严重事故隐患除由各级检查人员直接报告当事责任人及现场和项目部安全员外，还应在________小时内先________再以________报告公司安监部，并填写事故隐患报告单。

7.4-4 事故隐患的纠正处置：对有不安全行为人员进行教育或________；对不符合要求的资源、资源状态，要停止使用、就地封存、待鉴定或重新处置；有故障的机械设备及时修理或________。

7.4-5 事故隐患的验证：一般事故隐患的验证由各级检查人员、现场和项目经理部________复查验证。

7.4-6 安全事故的报告：项目经理部各施工现场，在施工生产过程中，安全生产事故发生与否都必须在当月底将安全生产状况向________上报，填写工程建设质量与安全事故（月）报表。

7.4-7 违反《建筑施工安全检查标准》和《现场施工安全生产管理规范》的行为，属于职业健康安全隐患中的________。

A. 一般事故隐患　　B. 严重事故隐患　　C. 特别严重事故　　D. 都不对

7.4-8 事故隐患的验证由________复查验证。

A. 各级检查人员、现场和项目经理部安全员　　B. 监理

C. 项目经理　　D. 业主

7.4-9 因事故隐患导致发生安全生产事故，________应立即（2小时内）以口头形式向公司主要领导、安监部报告，在当月以书面形式向公司安监部报告。

A. 安全员　　B. 监理　　C. 项目经理　　D. 业主

7.4-10 一般事故（机械、设备）由________组织观察现场，并取证、调查、分析原因，按事故的责任划分进行处理，将处理决定上报公司安监部、工程部。

A. 安全员　　B. 监理　　C. 项目经理部　　D. 业主

7.5 施工项目文明施工

知识点导入

安全生产是企业发展的前提，而实行文明施工则是推动企业安全生产，打造企业品牌，树立良好社会形象，赢得建筑市场的关键，这一节我们介绍施工项目文明施工的知识。

7.5.1　施工项目文明施工的概念

工程项目达到文明施工的要求，是成为文明工地的前提条件。所谓文明工地，是以企业的价值观为核心，以促进生产管理、提高经济效益和社会效益为目的的经营管理观念、群体意识、规范措施、表现形式与相关设施等在一个项目上的综合体现。

文明施工的内容包括：管理方式、规章制度、区域风气、人际关系、文化和生活设施、劳保福利、现场环境、产品质量、员工的从业态度和精神风貌，以及与之相适应的施工进度、安全状况、经济效益等。

住房和城乡建设部制定的《建设工程施工现场综合考评试行办法》、国际标准化组织颁布的 ISO14001 环境管理体系标准，指明了建成文明工地、实施文明施工的标准和为达到文明施工目标必须具备的条件，也是具体进行施工现场文明施工管理必须遵循的原则。

7.5.2　工程项目文明施工的意义及作用

工程项目文明施工建设对企业改变经营管理状况，树立企业良好的形象，求得企业长远发展具有十分重要的意义和巨大的推动作用。

1）有利于改变企业管理现状，提高管理水平。进行文明施工从而达到文明工地，是管理水平的综合体现，只有各项指标均达到要求，才能达到文明工地的要求，才有资格入选文明工地行列。因此开展文明工地建设活动，必须调动企业管理层和劳务层以及各方面的积极性，促进全方位的管理规范、制度的建立、健全与完善。

2）有利于促进爱岗敬业为基本内容的职业道德建设。文明施工涉及参加工程建设项目的不同方面，不同职能人员，对管理层和劳务层都有具体要求和规范，因此必须发挥项目管理人员的积极性和创造性，增加工作责任心，学习掌握各方面的标准和规范，使其具有良好的业务素质。发挥项目上包括劳务层人员的作用，真正做到视工地为家，从基础上和意识上树立起“做文明建筑工人，创文明建筑工地”的理念。

3）有利于促进和发展企业的精神文明和物质文明的建设。

4）有利于树立企业良好的形象，为企业积累良好的业绩。由于文明工地的一系列规则界定和规范了项目上人们的行为，促进了管理，培养了爱岗敬业精神，把人们的主观意识统一到关注企业的建设和发展上来，为企业增加业绩，为企业承揽到更多的项目打下基础。

7.5.3　现场文明施工的基本要求

1）施工现场必须设置明显的标牌，标明工程项目名称、建设单位、设计单位、施工单位、项目经理和施工现场总代表人的姓名、开工日期、竣工日期、施工许可证批准文号等。施工单位负责施工现场标牌的保护工作。

2）施工现场的管理人员在施工现场应当佩戴证明其身份的证卡。

3）应当按照施工总平面布置图设置各项临时设施。现场堆放的大宗材料、成品、半成品和机具设备不得侵占场内道路及安全防护等设施。

4）施工现场的用电线路、用电设施的安装和使用必须符合安装规范和安全操作规程，并按照施工组织设计进行架设，严禁任意拉线接电。施工现场必须设有保证施工安全要求的夜间照明；危险潮湿场所的照明以及手持照明灯具，必须采用符合安全要求的电压。

5）施工机械应当按照施工总平面布置图规定的位置和线路设置，不得任意侵占场内道路。施工机械进场须经过安全检查，经检查合格的方能使用。施工机械操作人员必须建立机组责任制，并依照有关规定持证上岗，禁止无证人员操作。

6）应保证施工现场道路畅通，排水系统处于良好的使用状态；保持场容场貌的整洁，随时清理建筑垃圾。在车辆、行人通行的地方施工，应当设置施工标志，并对沟井坎穴进行覆盖。

7）施工现场的各种安全设施和劳动保护器具，必须定期进行检查和维护，及时消除隐患，保证其安全有效。

8）施工现场应当设置各类必要的职工生活设施，并符合卫生、通风、照明等要求。职工的膳食、饮水供应等应当符合卫生要求。

9）应当做好施工现场安全保卫工作，采取必要的防盗措施，在现场周边设立围护设施。

10）应当严格按照《中华人民共和国消防法》的规定，建设工程的消防设计、施工必须符合国家工程建设消防技术标准。建设、设计、施工、工程监理等单位依法对建设工程的消防设计、施工质量负责。依法应当经公安机关消防机构进行消防设计审核的建设工程，未经依法审核或者审核不合格的，负责审批该工程施工许可的部门不得给予施工许可，建设单位、施工单位不得施工；其他建设工程取得施工许可后经依法抽查不合格的，应当停止施工。

7.5.4 实施工程项目文明施工，创建文明工地应做的几项工作

1. 从思想上提高认识，明确目标

工地是建筑施工企业的展台，企业的经营状况、精神面貌、发展前景、意识形态和价值观念在这个展台上都让人们一目了然。工地搞得好，说明企业行；工地管理糟糕，反映出企业差。因此，必须启发员工把工地与企业的大局联系起来，培养主体意识、竞争意识和时效观念，以形成适应市场经济的思维方式和价值观。要通过宣传教育，形成一股声势，使创建文明工地的目的、意识和作用、总体设计、分步实施措施在每个员工头脑里打下深深的烙印，使大家在行动上自觉地去按照有关标准具体地操作实施。在承揽到工程项目后，要根据工程项目的重要性、规模、社会影响程度、企业发展战略、业主的要求等进行深入调查和细致分析，建立工程项目文明施工的目标，目标可分为市文明施工优良工地、示范工地；省文明施工优良工地、示范工地；住房和城乡建设部文明施工优良工地和国家安全奖等。明确目标，并将目标体现在项目合同的各个层次，使目标与经济利益挂钩，达到目标进行奖励，达不到目标进行处罚，从根本上解决干好干坏一个样的问题。

在提高认识、明确目标的基础上，要发挥项目经理部的主观能动作用，文明工地的建设能否按计划实施并卓有成效，关键在于项目经理部的思想是否重视，行为是否规范，尤其是项目经理思想要端正，要具备与之相适应的素质和才能，并通过项目部全体人员的行

动影响和带动全体员工为建设文明工地而努力工作。只有领导重视，把文明施工当作企业发展的大计来抓，才能在施工过程管理中，自觉地抓好文明施工工作。

2. 文明工地建设要按照程序化的管理来进行工作

要进行目标管理，过程监控，从而实现管理目标。加强过程监控，解决以包代管、以罚代管的问题，还应在项目初始阶段制定创优规划。规划的具体内容包括：确定目标→建立管理体系→明确职能职责→建立规章制度→进行必要的培训→实施过程检查及不符合的纠正→目标的实现→阶段总结和预防措施的制定。根据制定的规划，进行过程的控制，达到确定的文明施工和创建文明工地目标，从而圆满完成项目的各项指标。

1）首先抓好开工前的准备工作。开工前项目部根据《建筑施工安全检查标准》要求，结合现场情况，画出可行的现场临建图，报公司批准后再进行建设，防止产生与标准不符的现象，杜绝盲目上马，重复浪费。

2）健全安全管理体系，落实安全责任。抓安全生产文明施工是个长期不懈的系统工程，要形成公司法人亲自抓、分管经理靠上抓、公司安全部门具体抓、项目经理严格抓的良好监督管理保证体系。要从公司到项目，到班组，到工人，层层签订安全目标责任书，实现管理目标的层层分解和落实，使安全管理形成网络，形成良好的全员管理状态，为创优达标提供完善的组织保障。

3）健全规章制度，加强岗位培训。在建立行之有效的程序规章之后，还必须通过培训提高公司主管人员、项目职能人员和班组操作人员的安全文明施工水平，用专业化的操作水平来提高效率，提高投入产出比，形成抓安全文明施工有章可循、有法可依、协调高效的良好运作态势。

4）落实环境保护，严把防护用品进场使用关。对项目进场的防护用品进行严格把关，坚持从合格供货方供应防护用品，并且将实物与票据对照，相符后才能使用，杜绝假冒伪劣防护用品进入施工现场，这对保证生产人员人身安全具有重要的现实意义。

3. 创建达标工地的要求

达标工地是指“安全文明型、卫生环保型”工地。创建达标工地是提高新时期建筑安全、文明施工管理水平的要求。

1）高标准的规划是创建达标工地的前提。高标准的规划，包括合理的施工现场平面布置，良好的安全文明施工组织设计，明确的管理目标和管理体系。只有目标合理，布置周密，才能具体测算出必要的投入，建立一致努力的正确方向。

2）完善的管理体系是创建达标的组织保证。现场的一切工作，离不开各方面的密切配合。健全的体系应该是明确的部门和人员组成的，责任必须分清，同时，为了避免工作中出现死角、遗漏，体系又应该是覆盖面广而能高效运转的，这就必须不断提升各职能人员的专业水平，使大家都能够胜任各自的分工，及时发现问题，按要求予以贯彻实施。

3）提高主动参与意识，树立以人为本的思想是创建达标的关键。提高“做文明建筑工人，创文明建筑工地”意识在全体施工人员中的推广，是创建达标工地的一个要求，为此有必要把安全文明施工状态的好坏，同班组个人的经济效益挂钩，奖优罚劣，把每个工人在创建达标过程中的工作表现上升到为了企业在社会主义市场经济中求发展，创品牌的高度上来。只有这样，才能在不断的创优过程中，为广大工人创建良好的生产生活环境，改变他们旧有的一些不自觉思想，为今后的文明施工水平上台阶做好必要准备。

试一试

7.5-1　所谓文明工地，是____。

7.5-2　工程项目文明施工的意义：________________________；有利于促进爱岗敬业为基本内容的职业道德建设；________________________；有利于树立企业良好的形象，为企业积累良好的业绩。

7.5-3　施工现场必须设置明显的标牌，标明工程项目名称、________、设计单位、________、项目经理和施工现场总代表人的姓名、开工日期、竣工日期、施工许可证批准文号等。

7.5-4　________________负责施工现场标牌的保护工作。

7.5-5　施工现场应当按照________________设置各项临时设施。

7.5-6　现场堆放的大宗材料、成品、半成品和机具设备不得侵占__________及安全防护等设施。

7.5-7　施工机械应当按照________________规定的位置和线路设置，不得任意侵占场内道路。

7.5-8　工程项目文明施工、创建文明工地，开工前项目部应根据____________要求，结合现场情况，画出可行的现场临建图，报公司批准后再进行建设，防止产生与标准不符的现象，杜绝盲目上马，重复浪费。

7.5-9　施工现场必须设置明显的标牌，下列选项中不需要标明的是________。

A. 项目名称　　B. 设计单位　　C. 建设单位　　D. 质量等级要求

7.5-10　工程开工前________根据《建筑施工安全检查标准》要求，结合现场情况，画出可行的现场临建图，报公司批准后再进行建设。

A. 安全员　　B. 监理　　C. 项目部　　D. 项目经理

7.6　施工项目现场管理

知识点导入

施工现场是施工的“枢纽站”。这个“枢纽站”管得好坏，涉及人流、物流和资金流是否畅通，涉及施工生产活动是否顺利进行。这一节我们介绍施工项目现场管理的知识。

7.6.1　施工项目现场管理的意义

施工项目现场管理十分重要，它是施工单位项目管理水平的集中体现。在施工现场，项目的质量管理、合同管理、成本控制、技术创新、分包管理等各项专业管理工作按合理分工分头进行，而又密切协作，互相影响，相互制约，很难截然分开。施工现场管理得好坏，直接关系到各专业管理的技术经济效果。

1. 提高认识水平，是搞好施工现场管理的思想基础

加强现场管理，提高管理水平，首先要提高认识，深刻了解现场管理的地位和作用，增强现场管理工作的责任感和自觉性。

1）管理就是生产力。抓好现场管理可以提高企业效益，哪里有生产活动，哪里就需要管理。管理是生产发展的客观要求，生产规模越大，科技水平越高，就越需要高水平的管理。由于管理水平的差异，其生产力效益相差很大。施工现场管理得当，材料可以节约，人工费设备费可以减少，现场不出工伤事故、环保事故、火灾事故，可以得到直接的经济效益和间接的社会效益。

2）现场连着市场，抓好现场管理是赢得市场的必要条件。施工现场是建筑企业占领市场的前沿阵地。一定要"着眼于市场，着手于现场；抓好现场，才能赢得市场"。

3）施工现场关系到企业信誉，搞好现场管理，有利于塑造和展示企业良好形象。建设一个文明安全的生产、生活环境，不仅可以为职工提供便利的条件，可以激发职工爱企业、爱岗位的主人翁精神，增强企业的凝聚力、战斗力，而且体现了对职工的尊重，更为重要的是可以对外展示企业的良好形象。

2. 建立以项目管理为核心的建筑管理体制，是搞好施工现场的核心

推行以项目管理为核心的建筑施工管理体制是计划经济向市场经济转变的迫切要求。市场经济条件下，项目靠市场竞争得到，资源靠市场在项目上配置，业主或顾客越来越苛求项目的实施质量，建筑施工承包企业也越来越关注劳动者和生产资料在工程项目上直接结合的水平，这些要求我们必须创造适合生产力发展的新的生产关系，因而建立以项目管理为核心的建筑施工管理体制，已成为市场经济的内在要求和必然选择。

3. 提高项目经理素质，是加强施工现场管理的关键

项目经理是建筑企业的一线指挥员，是项目的管理者，他们的行为不仅直接关系到企业经济目标的实现，而且关系到施工现场管理的优劣和成败。由于其位置重要、作用特殊，所以选好选准项目经理，并培养他们具有良好的思想方法、工作方法和工作作风，提高其素质，就显得尤为重要。

4. 健全和贯彻各项现场管理制度，严明奖惩，是加强现场管理的保障

施工现场管理制度，包括上级颁布和施工单位自身制订的规范、办法，是现场管理实践经验的总结，有着较强的科学性、规范性和可操作性，全面落实现场管理的各项制度，是项目经理抓好现场管理的基本方法。

首先要对进场人员进行规章制度的培训，提高管理人员和全体职工的法规意识，熟悉和掌握现场管理的要求和方法。其次，要结合项目实际完善现场管理细则，让员工在工作中严格按管理细则办事。第三，要有明确的奖惩制度。没有奖惩，就会缺乏对职工行为的约束力；只有赏罚严明，才能鼓励先进，鞭策后进，使各项制度真正落到实处。

5. 提高施工现场文化品位，建设工地文化，是施工现场管理的发展方向

工地文化是建筑业企业文化建设的落脚点，是施工现场管理工作向高层次发展的必然趋势。搞好工地文化建设，要注意抓好营造施工现场的文化氛围、建设高标准的工地临时住房和大力开展丰富多彩的群众性文娱活动和岗位技能培训这三个方面的工作。

7.6.2 施工项目现场管理的内容

1）要保证场内占地合理使用。当场内空间不充分时，应会同建设单位、规划部门向公安交通部门申请，经批准后才能获得并使用场外临时施工用地。

2）施工组织设计是工程施工现场管理的重要内容和依据，尤其是施工总平面设计，目的就是对施工场地进行科学规划，以合理利用空间。在施工总平面图上，临时设施、大型机械、材料堆场、物资仓库、构件堆场、消防设施、道路及进出口、加工场地、水电管线、周转使用场地等，都应各得其所，关系合理合法，从而有利于安全和环境保护，有利于节约，便于工程施工。

3）加强现场的动态管理。不同的施工阶段，施工的需要不同，现场的平面布置也应进行调整。当然，施工内容变化是主要原因，另外分包单位也随之变化，他们也对施工现场提出新的要求。因此，不应当把施工现场当成一个固定不变的空间组合，而应当对它进行动态的管理和控制。

4）作为现场管理人员，应经常检查现场布置是否按平面布置图进行，是否符合各项规定，是否满足施工需要，还有哪些薄弱环节，从而为调整施工现场布置提供有用的信息，也使施工现场保持相对稳定，不被复杂的施工过程打乱或破坏。

5）注重员工的培训，提高员工文明施工意识，使文明施工、现场管理由要我做变成我要做。

6）施工结束后，项目管理班子应及时组织清场，将临时设施拆除，剩余物资退场，组织向新工程转移，以便整治规划场地，恢复临时占用土地，不留后患。

7.6.3 工程项目现场管理制度

1）施工现场考勤制度。

2）施工现场例会制度。

3）施工现场档案管理制度。

4）施工现场仓库管理制度。

5）设计变更制度。

6）施工进度款给付制度。

试一试

7.6-1 项目的现场管理要做到有条不紊，有条有理，________________是规范项目现场管理的前提；____________________，认真落实岗位责任制是规范工程项目现场管理的关键。

7.6-2 项目管理为核心的施工管理体制按照三个层次进行改组：公司总部为经营决策层，________________为施工管理层，施工队伍为劳务作业层。

7.6-3 企业法人代表与项目经理之间是________________的关系；企业与项目之间

是________________的关系；项目部与作业层是________________关系。

7.6-4　提高____________，是加强施工现场管理的关键。

7.6-5　健全和贯彻____________，严明奖惩，是加强现场管理的保障。

7.6-6　施工组织设计是工程施工现场管理的重要内容和依据，尤其是____________，目的就是对施工场地进行科学规划，以合理利用空间。

7.6-7　不同的施工阶段，施工的需要不同，现场的平面布置也应进行调整，这称为现场的________________。

7.6-8　工程项目现场管理制度有：施工现场考勤制度；____________________；施工现场档案管理制度；____________________；____________________；施工进度款给付制度。

案例分析

某企业环境管理体系/职业健康安全管理体系建立的步骤及主要工作见表7-2。

表7-2　环境管理体系/职业健康安全管理体系建立的步骤及主要工作

序号	阶　段	主要工作
1	领导决策与准备	最高管理者决策，建立环境管理体系（EMS）/职业健康安全管理体系（OSHMS）
		任命管理者代表
		提供资源保障：人、财、物
2	初始环境/职业健康安全评审	组成评审组，包括从事质量、环保、安全等工作的人员
		获取适用的环境/职业健康安全法规和其他要求，评审组织的环境/职业健康安全行为与法规符合性
		识别组织活动、产品、服务中的危险源、环境因素，评价重要环境因素、重要危险源、风险评价
		评价现有有关环境/职业健康安全管理制度与ISO14001、GB/T 45001—2020标准的差距
		形成初始环境/职业健康安全评审报告
3	体系策划与设计	制定环境/职业健康安全方针
		制定目标、指标、环境/职业健康安全管理方案
		确定环境/职业健康安全管理体系的构架
		确定组织机构与职责
		策划活动需要制定的运行控制程序
4	环境/职业健康安全管理体系文件编制	组成体系文件编制小组
		编写环境/职业健康安全管理手册、程序文件、作业指导书
		修改文件，正式颁布，环境/职业健康安全管理体系开始试运行
5	体系试运行	进行全员培训
		按照文件规定实施，目标、指标、方案的逐一落实
		对相关方的工作，通报环境/职业健康安全管理要求
		日常体系运行的检查、监督、纠正、监测与评价
		根据试运行的情况对环境/职业健康安全管理体系文件进行再修改

（续）

序号	阶　段	主 要 工 作
6	内　审	任命内审组长，组成内审组
		进行内审员培训
		制订审核计划、编写检查清单、实施审核
		对不符合项分析原因，采取纠正预防措施，进行验证
		编写审核报告，报送最高管理者
7	管理评审	管理者代表负责收集充分的信息
		由最高管理者组织评审体系的持续适宜性、充分性、有效性
		评审方针的适宜性、目标指标、环境/职业健康安全管理方案完成情况
		指出方针、目标及其他体系要素需要改进的方面
		形成管理评审报告

实训练习题（单项选择题）

1. 职业健康安全与环境管理的目的是________。

A. 保护产品生产者和使用者的健康与安全以及保护生态环境

B. 保护能源和资源

C. 控制作业现场各种废弃物的污染与危害

D. 控制影响工作人员以及其他人员的健康安全

2. 建设工程职业健康安全与环境管理的特点是________。

A. 一次性与协调性　　B. 公共性与多样性

C. 复杂性与多样性　　D. 相关性与持续性

3. 下列选项中安全控制目标错误的是________。

A. 减少或消除人的不安全行为的目标

B. 改善生态环境和保护社会环境的目标

C. 减少或消除设备、材料的不安全状态的目标

D. 安全管理的目标

4. 安全控制方针中“安全第一，预防为主”的安全第一是充分体现了________的理念。

A. 安全生产，安全施工　　B. 以人为本

C. 保证人员健康安全和财产免受损失　　D. 以人为本但也要考虑到其他因素

5. 施工安全控制的特点除了控制面广、控制系统交叉性、控制的严谨性外，还应有________。

A. 控制的多样性　　B. 控制的流动性

C. 控制的动态性　　D. 控制的不稳定性

6. 施工安全控制程序不包括________。

A. 确定项目的安全目标

B. 编制项目安全技术措施计划并落实、实施和验证

C. 持续改进，直到完成建设工程项目的所有工作

D. 建立施工安全控制程度的表格

7. 施工安全的控制要求不包括________。

A. 各类人员必须具备相应的执业资格才能上岗

B. 所有新员工必须经过三级安全教育，即进厂、进车间和进班组的安全教育

C. 施工现场安全设施齐全，并符合国家及地方有关规定

D. 对施工机械设备进行检查并进行记录

8. 安全性检查的类型有________。

A. 日常性检查、专业性检查、季节性检查、节假日前后检查和不定期检查

B. 日常性检查、专业性检查、季节性检查、节假日后检查和定期检查

C. 日常性检查、非专业性检查、节假日前后检查和不定期检查

D. 日常性检查、非专业性检查、季节性检查、节假日前检查和不定期检查

9. 安全检查的主要内容包括________。

A. 查思想、查管理、查作风、查整改、查事故处理、查隐患

B. 查思想、查作风、查整改、查管理

C. 查思想、查管理、查整改、查事故处理

D. 查管理、查思想、查整改、查事故处理、查隐患

10. 项目经理部安全检查的主要规定有________。

A. 检查应现场抽样、现场观察和现场检测

B. 对检查结果不用进行系统分析

C. 检查设备或器具，检查人员，并明确检查的方法及要求

D. 根据情况调查确定安全检查的内容

11. 安全事故的处理程序是________。

A. 报告安全事故，调查对事故责任者进行处理，编写事故报告并上报

B. 报告安全事故，处理安全事故，调查安全事故，对责任者进行处理，编写报告并上报

C. 报告安全事故，调查安全事故，处理安全事故，对责任者进行处理，编写报告并上报

D. 报告安全事故，处理安全事故，调查安全事故，对责任者进行处理

12. 环境管理体系的意义中不包括________。

A. 保护人类生存和发展的需要

B. 国民经济可持续发展和建立市场经济体制的需要

C. 国内外贸易发展和环境管理现代化的需要

D. 满足人们生活水平提高的需要

13. 职业安全管理体系中事故的定义为________。

A. 可能导致伤害或疾病，财产损失，工作环境破坏的情况

B. 指某一危险发生后导致的严重后果

C. 造成死亡、疾病、伤害、损坏或其他损失的意外情况

D. 造成各种伤亡或损失的意外情况

14. 环境管理体系的概念及定义为________。

A. 客观地获得审核证据并予以评价，以判断组织的环境管理体系是否符合规定的审核标准

B. 整个管理体系的一个部分，包括为制定、实施、实现、评审和保持环境方针所需的组织机构、计划活动等

C. 组织依据其环境方针、目标和指标，对其他的环境因素进行控制所得的结果

D. 组织依据其环境方针规定自己所要实现的总体环境目的，如可行应予以量化

15. 职业健康安全与环境管理体系文件编写应遵循的原则为________。

A. 标准要求的要写到文件里，写到的要做到，做到的要有有效记录

B. 遵循 PDCA 管理模式并以文件支持的管理制度和管理方法

C. 体系文件的编写应遵循系统化、结构化、程序化的管理体系

D. 标准要求的要做到，做到最好有法可依，有章可循

16. 职业健康安全与环境管理体系文件的特点不正确的是________。

A. 法律性、系统性、证实性　　B. 可操作性、不断完善性

C. 体现方式的多样化，符合性　　D. 完整性、通俗性

17. 环境管理方案的内容一般不包括________。

A. 组织的目标、指标的分解落实情况

B. 使各相关层次与职能在环境管理方案与其所承担的目标、指标相对应

C. 规定实现目标、指标的职责、方法和时间表

D. 环境管理方案应随情况变化及时做相应修订

18. 建设产品生产过程中生产人员、工具和设备的流动性，主要表现不包括________。

A. 同一工地不同建筑之间流动

B. 同一建筑不同建筑部位上流动

C. 不同工地不同建筑之间的流动

D. 一个建筑工程项目完成后，又要向一个新项目流动

19. 产品的________和生产的________决定了职业健康安全与环境管理的多样性。

A. 单件性；多样性　　B. 多样性；单件性

C. 单件性；复杂性　　D. 多样性；复杂性

20. 产品生产过程的________决定了职工职业健康安全与环境管理的协调性。

A. 连续性和合作性　　B. 连续性与安全性

C. 连续性与分工性　　D. 安全性与分工性

21. 产品的________决定环境管理的多样性和经济性。

A. 社会性与实践性　　B. 时代性与实践性

C. 社会性与时代性　　D. 时代性与分工性

单元小结

本单元首先介绍了有关施工项目职业健康安全与环境管理的基本概念，如职业健康安全的概念、职业健康安全管理体系的概念、环境的概念、环境管理体系的概念。接着介绍了施工项目职业健康安全与环境管理的目的和任务；施工项目职业健康安全与环境管理的特点；施工项目职业健康安全体系的基本框架，包括实施和认证职业健康安全体系的意义、实施和认证职业健康安全问题产生的原因、职业健康安全管理体系发展历史；施工项目环境管理体系的基本框架，包括施工项目环境管理的意义、施工项目环境管理体系的作用。对比施工项目职业健康安全体系与环境管理体系的异同，具体分析了职业健康安全管理体系运作的现状和存在的问题，并针对职业健康安全管理体系运作过程中出现的各类问题，提出了解决的技术措施。施工项目职业健康安全技术措施计划的编制很重要，编制后就要执行，执行效果才是衡量施工项目职业健康安全技术措施是否有效的重要依据，所以接着讲述施工项目职业健康安全技术措施计划的实施。接下来介绍了职业健康安全隐患的确定和分类、事故隐患的报告、事故隐患的处理、事故隐患的验证、安全事故的报告与处理。另外介绍了施工项目文明施工的概念、工程项目文明施工的意义及作用、现场文明施工的基本要求，以及谈到了施工项目现场管理意义、施工项目现场管理的内容、工程项目现场管理制度。

单元8

施工项目资源管理

知识储备

为便于本单元内容的学习与理解，需要建筑材料、建筑施工机械、资金时间价值等相关专业知识的支持。

8.1 施工项目资源管理概述

知识点导入

巧妇难为无米之炊，施工单位将拟建工程按施工图样在拟建场地上建盖起来离不开各种各样的资源，施工项目资源指的是哪些，又如何管理呢？

8.1.1 施工项目资源的概念

施工项目资源作为施工项目管理过程的重中之重，是施工企业完成施工任务的重要手段，也是施工项目目标得以实现的重要保证。

施工项目资源是指劳动力、材料、设备、资金、技术等形成生产力的各种要素。其中，科学技术是第一要素，科学技术被劳动者所掌握，便能形成先进的生产力水平。项目资源管理就是对各种生产要素的管理，因此强化对施工项目资源的管理就显得尤为重要。

8.1.2 项目资源管理的目的、作用和地位

1）项目资源管理的目的就是节约活劳动和物化劳动。

2）项目资源管理的作用，可以从四个方面来表达：

① 项目资源管理就是将资源进行适时、适量的优化配置，按比例配置资源并投入到施工生产中去，以满足需要。

② 进行资源的优化组合，即投入项目的各种资源在施工项目中搭配适当、协调，使之更有效地形成生产力。

③ 在项目运行过程中，对资源进行动态管理。

④ 在施工项目运行中，合理地节约使用资源。

3）施工项目资源管理的地位。项目资源管理对整个施工过程来说，都具有重要意义，一个优质工程的诞生，离不开施工项目资源管理。在施工项目的全过程——招标签约、施工准备、施工实施、竣工验收、用户服务等五个阶段中，项目资源管理主要体现在施工实施阶段，但其他几个阶段也不同程度地涉及，如投标阶段进行方案策划、编制施工组织设计时，要考虑恰当配置劳动力、设备。此外，材料选择、资金筹措都离不开资源，而到了施工过程就更体现出资源管理的重要性。

8.1.3 项目资源管理的主要原则

在项目施工过程中，对资源的管理应该着重坚持以下四项原则：

1）编制管理计划的原则。编制项目资源管理计划的目的，是对资源投入量、投入时间和投入步骤，做出一个合理的安排，以满足施工项目实施的需要。对施工过程中所涉及的资源，都必须按照施工准备计划、施工进度总计划和主要分项进度计划，根据工程的工作量，编制出详尽的需用计划表。

2）资源供应的原则。按照编制的各种资源计划，进行优化组合，并实施到项目施工中去，保证项目施工的需要。

3）节约使用的原则。这是资源管理中最为重要的一环，其根本意义在于节约活劳动及物化劳动，根据每种资源的特性，制定出科学的措施，进行动态配置和组合，不断地纠正偏差，以尽可能少的资源，满足项目的使用。

4）使用核算的原则。进行资源投入、使用与产出的核算，是资源管理的一个重要环节，完成了这个程序，便可以使管理者心中有数。通过对资源使用效果的分析，一方面是对管理效果的总结，另一方面又为管理提供储备与反馈信息，指导以后的管理工作。

8.1.4 项目资源管理的主要内容

资源作为工程项目实施的基本要素，通常包括物资、机械设备、劳动力、资金等。

1）物资管理。是在施工过程中对各种材料的计划、订购、运输、发放和使用所进行的一系列组织与管理工作。它的特点是材料供应的多样性和多变性、材料消耗的不均衡性、受运输方式和运输环节的影响。

2）机械设备管理。是以机械设备施工代替繁重的体力劳动，最大限度地发挥机械设备在施工中的作用为主要内容的管理工作。它的特点是机械设备的管理体制必须与建筑企业组织体系相依托，实行集中管理为主，集中管理与分散管理相结合的办法，提高施工机械化水平，提高完好率、利用率和效率。

3）劳动力管理。在施工中，利用行为科学，从劳动力个人的需要和行为的关系观点出发，充分激发职工的生产积极性。它的主要环节是任用和激励，通过有计划地对人力资源进行合理的调配，使人尽其才，才尽其用。

4）资金管理。通过对资金的预测和对比及项目奖金计划等方法，不断地进行分析和对比、计划调整和考核，以达到降低成本的目的。

8.1.5　项目资源管理的复杂性

项目资源管理是极其复杂的，其原因是多方面的：

1）资源的种类多，供应量大。

2）工程项目生产过程的不均衡性。

3）资源供应过程的复杂性。

4）设计和计划资源的交叉作用。

5）资源对成本的影响很大。

6）资源的供应受外界影响大。

7）资源经常需要在多个项目中协调平衡。

8）资源同时受到上限定义和下限定义的限制。

以上因素决定了资源管理与工期、成本的计划和控制相比较，其具有独特的复杂性。

试一试

8.1-1　施工项目资源是指________、________、________、________、________等形成生产力的各种要素。

8.1-2　在项目施工过程中，对资源的管理应该坚持的四项原则：__________的原则、资源供应的原则、__________的原则、__________的原则。

8.1-3　各种材料的计划、订购、运输、发放和使用所进行的一系列组织与管理工作称为________。

8.1-4　根据每种资源的特性，制定出科学的措施，进行动态配置和组合，不断地纠正偏差，这体现了资源管理的________原则。

8.1-5　项目资源管理的目的就是________和物化劳动。

8.1-6　施工项目资源中______是第一要素。

A. 劳动力　　B. 材料　　C. 设备　　D. 科学技术

8.1-7　在施工项目的全过程——招标签约、施工准备、施工实施、竣工验收、用户服务等五个阶段中，项目资源管理主要体现在______。

A. 招标签约　　B. 施工准备　　C. 施工实施　　D. 竣工验收

8.2　施工项目人力资源管理的内容

知识点导入

某建筑公司是某地区一家国有建筑企业。公司管理层基本上都是所在城市的本地人，文化层次相对较高。作为一线的建筑工人，大部分是来自该地郊区城乡接合部的农民（随着城市的扩建，也转变成为“市民”）。

随着我国改革开放的不断深入，中国经济呈现勃勃生机，各行各业日益发展。该地区作为中国经济的领头羊，也呈现出前所未有的发展势头。建筑业更是异军突起，发展迅猛。在这种大好形势之下，该公司紧紧抓住发展机遇，承担了许多大型工程的建设项目，逐渐成为该地区建筑企业的排头兵。

但是，随着企业的不断发展，公司的领导层发现，工地一线工人开始吃紧，有时采取加班加点的超负荷工作，也远远满足不了发展的需求。为满足对人员配备的要求，公司人事部从其他地区，及至全国，匆忙招聘了大量的新雇员。为应付紧张的用工需要，人事部门不得不降低录用标准，使得人员配备的质量大幅度下降。另外，招聘人员的结构也不尽合理，如员工年龄偏大等。经常出现很多员工只工作了一两个月就充当工长的现象，人事部门刚招聘一名雇员顶替前一位员工的工作才几个月，就不得不再去招聘新的顶替者。为了招聘合适的人选，人事部门常常是疲于奔命。

为此，公司聘请了有关专家进行了调查，寻找员工短缺的原因，并提出解决这一问题和消除其对组织影响的方法。

专家调查表明，该公司以往对员工的需求处于无计划状态，在城郊还未变成城区之前，招工基本上还不太困难。随着城市的日益扩大化，城郊的农民工的数量也在日益缩小。以往在几天之内就能找到应急工的时代已成为过去。因此，公司决定把解决员工短缺问题作为公司战略的一部分来考虑。在专家的帮助下，鉴于公司本身的特性以及宏观经济形势的平稳发展，公司决定采用趋势预测法，建立了一个预测趋势线，将这趋势线延长，就能推测将来的所需员工人数。

公司在过去的12年中，工人人数见表8-1。

表8-1　公司过去12年工人数量

年份	2011	2012	2013	2014	2015	2016	2017	2018	2019	2020	2021	2022
人数	510	480	490	540	570	600	640	720	770	820	840	930

结果，预测值与实际情况相当吻合。

至此，人事和管理部门对问题才有了统一的认识。这有利于他们共同对待今后几年可能出现的工人人数的短缺问题，制定人力资源管理的总规划，根据总规划制订各项具体的业务计划以及相应的人事政策，做到提前招工、提前培训。

8.2.1　施工项目人力资源管理的概念

施工项目人力资源管理是指，在施工中利用行为科学，从劳动力个人的需要和行为的关系观点出发，充分激发职工的生产积极性。它的主要环节是任用和激励，通过有计划地对人力资源进行合理的调配，使人尽其才，才尽其用。

8.2.2　施工项目人力资源管理的要求

人力资源管理是整个施工项目资源管理的核心，如何做好人力资源管理，在施工项目资源管理中占有举足轻重的地位。所以，施工项目人力资源管理应符合下列要求：

1）项目经理应根据施工进度计划和作业特点优化配置人力资源，制订劳动力需求计划，报企业劳动管理部门批准，企业劳动管理部门与劳务分包公司签订劳务分包合同。远离企业本部的项目经理部，可在企业法定代表人授权下与劳务分包公司签订劳务分包合同。

2）劳务分包合同的内容应包括：作业任务、应提供的劳动力人数；进度要求及进场、退场时间；双方的管理责任；劳务费计取及结算方式；奖励与处罚条款。

3）项目经理应对劳动力进行动态管理。人力资源动态管理指的是根据生产任务和施工条件的变化对人力资源进行跟踪、平衡、协调，以解决劳务失衡、劳务与生产要求脱节问题的动态过程。其目的是实现人力资源动态的优化组合。劳动管理部门对人力资源的动态管理起主导作用。项目经理部是项目施工范围内人力资源动态管理的直接责任者。

人力资源动态管理应包括下列内容。

① 按计划要求向企业劳务管理部门申请派遣劳务人员，并签订劳务合同。

② 按计划在项目中分配劳务人员，并下达施工任务单或承包责任书。

③ 在施工中不断进行人力资源平衡、调整，解决施工要求与人力资源数量、工种、技术能力相互配合中存在的矛盾。在此过程中按合同与企业劳务部门保持信息沟通，人员使用和管理的协调。

④ 按合同支付劳务报酬。

⑤ 解除劳务合同后，将人员遣归内部劳务市场。

⑥ 项目经理部应加强对人力资源的教育培训和思想管理，加强对劳务人员作业质量和效率的检查。

8.2.3 人力资源的配置依据和方法

1. 人力资源的配置依据

就企业来讲，人力资源的配置依据是劳动力需用量计划；就施工项目而言，人力资源的配置依据是施工进度计划。

2. 人力资源的配置方法

一个施工企业，当已知劳动力需要数量以后，应根据承包的施工项目，按其施工进度计划和工种需要数量进行人力资源的配置。因此，管理部门必须审核施工项目的施工进度计划和其劳动力需用量计划。每个施工项目劳动力分配的总量，应按企业的建筑安装工人劳动生产率进行控制。

1）应在人力资源需用量计划的基础上再具体化，防止漏配。必要时根据实际情况对人力资源计划进行调整。

2）如果现有的人力资源能满足要求，配置时还应贯彻节约原则。如果现有人力资源不能满足要求，项目经理部应向企业申请加配，或在企业经理授权范围内进行招募，也可以把任务转包出去。如果在专业技术或其他岗位上现有人员或新招收人员不能满足要求，应提前进行培训，再上岗作业。

3）配置人力资源时应积极可靠，让工人有超额完成的可能，以获得奖励，进而激发出工人的劳动热情。

4）尽量使作业层正在使用的劳动力和劳动组织保持稳定，防止频繁调动。当在用劳动组织不适应任务要求时，应进行劳动组织调整，并要敢于打乱原建制进行优化组合。

5）为保证作业需要，工种组合、技术工人与壮工比例要适当、配套。

6）尽量使人力资源均衡配置，以便于管理，使人力资源强度适当，达到节约的目的。

8.2.4　施工项目人力资源的组织

人力资源的组织，可按下列步骤进行。

1. 工种和技术等级的划分

1）工种的划分。工种主要是根据工作的种类和性质划分的，划分的结果是使每一类都具有相同的性质。工种划分的粗细，要根据当时生产技术的发展水平和要求来决定。划分得太粗和划分得过细都不利于劳动生产率的提高。所以，工种要划分得适当，划分的结果既要有利于提高工人对本职工作的熟练程度，又要便于劳动力的组织运用。必须从实际出发，全面权衡其利弊。从总的趋势来看，由于社会的不断进步和发展，分工也会越来越细，新的工种也会随着生产技术的进步而不断增加。

2）技术等级的划分。在每一工作中，都包含一定的技术内容，它们的复杂程度和对精确度的要求也都是不同的，因而完成每一项工作所要求工人的技术水平也是不一样的，为了充分发挥每一个工人的劳动技能和劳动效率，把每一个工种的工人按照其技术熟练程度予以划分。通过这种划分，把同工种的工人按照技术熟练程度分成若干等级（即技术级），使不同等级的工人去完成与其技术熟练程度相应的工作，并给予不同的劳动报酬，这样劳动积极性和劳动生产率必将大为提高。

2. 人力资源组织形式

有分工，就要有协作。协作对提高劳动生产率具有重大意义。协作最基本的问题是“配套”，即各工种和不同等级工人之间的力量一定要能互相适应，从而避免停工、窝工，以获得最高的劳动效率。

1）各工种之间要配套。如不配套，则整个工程任务的完成就会受到低效率工种的拖累，发生窝工或浪费工作面、延误工期的现象，这在上下紧紧相连的工序之间表现特别突出，如挖土与运土、运土与夯填土、运送混凝土与浇灌混凝土等。必须使上下相关工序的劳动力配备，恰好与各工序的总工效相符，否则就会窝工。因此，不同工种之间相互的协作配合，必须经过计算，使其生产效率能相互适应。

2）同一工种中的技术等级间的配合协作。不同技术等级工人协作的基本形式是专业组。专业组一般是由同一专业工种的不同等级工人和一定数量的普通工或学徒工组成。组内每一个人所完成的每项工作，都应与其技术熟练程度相适应，以达到最高的工作效率，这种专业组是通过采取技术定额测定法和工作岗位制两种方法确定的。专业组中的人员应尽量做到相对固定，以便于相互了解与协作，也便于管理。

为了在更大范围内组织同工种或不同工种的班组之间的协作，加强对工人的组织和管理，必须将班组组成施工队，施工队分专业施工队与混合施工队。专业施工队基本上是由同工种的若干班组组成，混合施工队则是由不同工种的班组组成的。这种组织形式，由于工作固定，工人比较便于掌握一种专业技术并提高其熟练程度，对提高工作效率和工程质量都有益处。

3）人力资源的调配与运用。加强各所属单位之间人力资源的调配工作，及时调剂补缺，使之经常维持配套的状况，是提高劳动生产率的重要保证。施工现场必须配备一定数量的技术人员、管理人员、服务人员才能使整个工程的施工正常运转，完成工程的建设任务。

8.2.5 在施工前后应对人力资源进行培训

项目施工前后，应做好以下几方面的培训工作：

1）项目经理应本着“安全第一，预防为主”的原则，在工程项目施工之前，对全体劳动工人及管理人员进行严格的安全教育，并应组织书面考核，合格的才可以从事施工劳动。这样可加强工人的自我保护意识，对搞好安全生产，提高施工现场的管理水平提供必要的保证。

2）对于有技术要求的工人，在施工前应进行实际操作水平考核，按考核结果分级安排相应的工作。在分项工程施工前，项目经理和技术负责人应向工人进行认真的技术交底工作，包括施工验收规范、质量标准及设计要求等，均应向操作人员进行书面交底，澄清并应签字齐全，归入档案资料中。

3）对于特种作业需持证上岗的人员，要严格对其操作证进行检查，如果发现未按劳动部门规定进行复审的，超过了其有效期限，将视为作废。项目经理要严格禁止无证操作。

4）项目经理应积极支持劳动者参加各种文化及专业技术的学习和培训，提高他们的综合素质，使劳动者向知识化、专业化的方向发展。

5）项目经理应采取多种形式，组织工人学习别人的先进技术和经验，提高职工的实际操作水平，确保工程项目的质量，做到全心全意为用户着想，对用户负责，扩大企业的知名度，在激烈的竞争环境中得以生存和发展。

试一试

8.2-1 人力资源的配置依据，就企业来讲，是__________；就施工项目而言，人力资源是__________。

8.2-2 劳务分包合同的内容应包括：作业任务、__________；__________、退场时间；双方的管理责任；__________；奖励与处罚条款。

8.2-3 项目经理应根据__________和作业特点优化配置人力资源，制订劳动力需求计划，报企业劳动管理部门批准，企业劳动管理部门与劳务分包公司签订__________。

8.2-4 施工现场必须配备一定数量的__________、__________、__________才能使整个工程的施工正常运转，完成工程的建设任务。

8.2-5 人力资源动态管理指的是____。

8.2-6 人力资源动态管理的目的是________________。劳动管理部门对人力资源的动态管理起主导作用。________________是项目施工范围内人力资源动态管理的直接责任者。

8.2-7 人力资源组织形式：各工种之间要“配套”；____________；____________。

8.2-8 人力资源配置尽量均衡，以便于管理，使人力资源强度适当，达到________的目的。

A. 优化 B. 节约 C. 平衡 D. 协调

8.2-9 张华是一位年轻的大学毕业生。所学专业是管理信息系统。就业时他顺利地进入一家有名的大公司，这使他十分得意。上班的第一天，他的领导王经理带他参观了厂容厂貌，看了公司的工厂设施，部分办公室，餐厅及张华的办公室。最后王经理说：“张华，很高兴你进入我们公司，下午到我办公室来，有一项任务交给你。这是一个简单的系统，包括两个利用纤维镜的电子学工作组。5天可以吧，星期五送给我检查一下。”王经理走了，张华愣住了。接受任务是一件令人高兴的事，但他不知道是否这就意味着他的职业生涯从此开始了，因为对许多事情比如人事关系、工作程序和公司发展等他都还茫然不知。

王茜本是一位政府机关的工作人员，2022年随丈夫工作调动进入北京某大学的工商管理系工作。某周四下午办完报到手续，系主任把她领到教研室，对正在开会的老师说：“这是新调来的王茜老师，她原来在机关负责审计工作，研究生毕业，能力很强的。大家欢迎她。”教研室老师鼓了几下掌，继续开会。会后教研室主任对她说：“你来得正是时候，下学期的课基本派完了，考虑到你有实践经验，‘公司理财学’这门课程正适合你，这是你的优势。这是课程表，别忘了周四下午开例会。”王茜回到家中，心中很是忐忑不安。她知道新分来的大学生都有一段做助教的时间，但她没有。她有实践经验不假，但她没有大学授课的经验。本来就对北京不熟悉，学校的情况又一无所知。课程如何安排、学生有什么要求，没有人告诉她，初来乍到，她又不好意思问。王茜天天在家中焦虑重重。

思考题：

1. 为什么张华和王茜在来到单位之初会有那种茫然或焦虑的情绪？
2. 对这一类新员工，你认为单位应该提供什么样的培训？

8.3 施工项目材料管理

知识点导入

材料管理是施工企业业务管理的重中之重，加强材料管理，降低材料消耗是控制工程成本最重要的手段，对施工企业的盈亏起着决定性影响。在多年的施工管理中，建筑材料及其管理始终是困扰公共单位日常工作的主要困难之一，比如：公司决策层对材料掌管不及时，不能及时掌握各类材料的进、出、存、领各个环节，不能更好地控制材料成本，导致材料浪费现象普遍；公司材料管理部门、财务部门、预算部门不能系统地对材料进行合理管理，数据不能共享；除公司所在地之外的工地更不能实现实时管理等问题。近年来出现了一些建筑材料管理系统，能通过网络把千里之外的几个项目有机地联系起来，只要能上网，在任何地方，都可以实时查询所有项目的材料进库、出库、领料和库存情况。甚至每一笔材料谁领用了，用到哪里，都能清楚地显示。

8.3.1 施工项目材料管理的概念和目的

施工项目材料管理是在施工过程中对各种材料的计划、订购、运输、发放和使用所进行的一系列组织与管理工作。它的特点是材料供应的多样性和多变性、材料消耗的不均衡性，以及受运输方式和运输环节的影响。

施工项目材料管理的目的是贯彻节约原则，降低工程成本。材料供应是材料管理的首要环节，与材料供应市场关系极大。

8.3.2 施工项目材料管理要求

1. 主要材料和大宗材料的管理要求

施工项目所需的主要材料和大宗材料（A 类材料）应由企业物资部门订货或市场采购，按计划供应给项目经理部。企业物资部门应制订采购计划，审定供应人，建立合格供应人目录，对供应方进行考核，签订供货合同，确保供应工作质量和材料质量。项目经理部应及时向企业物资部门提供材料需要计划。远离企业本部的项目经理部，可在法定代表人授权下就地采购。

2. 特殊材料和零星材料的管理要求

施工项目所需的特殊材料和零星材料（B 类和 C 类材料）应按承包人授权由项目经理部采购。项目经理部应编制采购计划，报企业材料主管部门批准，按计划采购。特殊材料和零星材料的品种，在项目管理目标责任书中约定。

3. 项目经理部的材料管理要求

1）按计划保质、保量、及时供应材料。

2）材料需用量计划应包括材料需用量总计划、年计划、季计划、月计划、日计划。

3）材料仓库的选址应有利于材料的进出和存放，符合防水、防雨、防盗、防风、防变质的要求。

4）进场的材料应进行数量验收和质量确认，做好相应的验收记录和标识。不合格的材料应更换、退货或让步接收（降级使用），严禁使用不合格的材料。

5）材料的计量设备必须经具有资格的机构定期检验，确保计量所需要的精确度。检验不合格的设备不允许使用。

6）进入现场的材料应有生产厂家的材质证明（包括厂名、品种、出厂日期、出厂编号、试验数据）和出厂合格证。要求复检的材料要有取样送检证明报告。新材料未经试验鉴定，不得用于工程中。现场配制的材料应经试配，使用前应经认证。

7）材料储存应满足下列要求：

① 入库的材料应按型号、品种分区堆放，并分别编号、标识。

② 易燃易爆的材料应专门存放、专人负责保管，并有严格的防火、防爆措施。

③ 有防湿、防潮要求的材料，应采取防湿、防潮措施，并做好标识。

④ 有保质期的库存材料应定期检查，防止过期，并做好标识。

⑤ 易损坏的材料应保护好外包装，防止损坏。

8）应建立材料使用限额领料制度。超限额的用料，用料前应办理手续，填写领料单，注明超耗原因，经项目经理部材料管理人员审批。

9）建立材料使用台账，记录使用和节超状况。

10）应实施材料使用监督制度。材料管理人员应对材料使用情况进行监督，做到工完、料净、场清，对存在的问题应及时分析和处理。

11）班组应办理剩余材料退料手续。设施用料、包装物及容器应回收，并建立回收台账。

12）制定周转材料保管、使用制度。

8.3.3　施工项目材料管理的主要内容

1. 材料计划管理

材料计划管理是指：项目开工前，向企业材料部门提出一次性计划；施工中按计划进行动态供料；按月对材料计划的执行情况进行检查，不断改进材料供应。

材料计划按其内容和作用分为以下四种：

1）材料需用计划。它根据工程项目设计文件及施工组织设计编制，反映所需各种材料的品种、规格、数量和时间要求，是编制其他各项计划的基础。

2）材料供应计划。它根据需用计划和可供货源编制，主要反映所需材料的来源。

3）材料采购计划。它根据材料供应计划编制，反映从外部采购、订货的数量，是进行采购、订货的依据。

4）材料节约计划。它根据材料的耗用量和技术措施编制，反映施工项目材料消耗水平和节约量，是控制供应、指导消耗和考核的依据。

2. 材料进场验收

材料进场必须进行进场验收。验收工作的要求包括：验收工作应按质量验收规范及有关规定进行；验收内容包括品种、规格、型号、质量、数量、证件等；验收要做好记录、办理验收手续；对不符合计划要求或质量不合格的材料应拒绝验收。

3. 材料的储存与保管

4. 材料领发

材料领发工作的要求包括：凡有定额的工程用料，凭限额领料单领发材料；超限额的用料，用料前应填制超额领料单，注明超耗原因，经签发批准后实施；建立领发料台账。

5. 材料使用监督

现场材料管理责任者应对现场材料的使用进行分工监督。监督的内容包括：用料是否合理；领发料手续是否齐全；是否做到工完、料退、场地清；是否按施工平面图的要求码放材料；是否按要求做好材料保护等。检查是监督的手段，检查要做到有记录、有分析，责任明确，处理有结果。

6. 材料回收

班组余料必须回收，及时办理退料手续，并在限额领料单中扣除。各种回收材料及用具，要建立回收台账，处理好经济关系。

7. 周转材料的现场管理

对周转材料应按工程量、施工方案编报需用计划。按计划数量发放，按标准回收，并做好记录。

8.3.4 施工项目材料管理的方法

1. 项目施工中主材的管理

主材是指在施工过程中，多部位使用和多工种合用的一些主要材料，如水泥、砂、石等。这类材料的特点是数量大，使用期长，操作中工种和班组之间容易混串。因此，对合用材料的管理多采用限额领料制，一般有以下三种做法：

1）以施工班组为对象的分项工程限额领料。这种做法范围小，责任明确，利益直接，便于管理。缺点是易于出现班组在操作中考虑自身利益，而不顾与下道工序的衔接，最终影响用料效果。

2）以混合队为对象的基础、结构、装饰等工程部位限额领料。这种方法是扩大了的分项工程限额领料，由于是混合班组，有利于工种配合和工序搭接，各班组相互创造条件，促进节约使用，但必须加强混合队内部班组用料的考核。

3）分层、分段限额领料。这种做法是在分项工程限额领料的基础上进行综合，直接面对使用者，简便易行，结算方便。但综合定额要注意其合理性。

2. 项目施工中专用材料的管理

专用材料的管理，是指为某一工种或某一施工部门专门使用的材料，如防水工程所用的油毡、沥青等材料。其特点是材料的专业性强，周期短、价格高，不易混串。因此，通常采用专门承包方式，由项目经理对专业班组进行一次性分包，签订承包协议，协议内容主要包括承包项目、材料用量、用料要求、验收标准及奖罚办法。用量的确定，应以施工预算定额为依据，考虑到施工变化，采用一定系数。专业班组按照规定，自行组织材料进场、保管、使用，实行自负盈亏。

3. 项目施工中周转材料的管理

周转材料，主要是指模板、脚手架等。其特点是价值高、用量大、使用期长，其价值随着周转使用逐步转移到产品成本中。所以，对周转材料管理的要求是在保证施工生产的前提下，减少占用，加速周转，延长寿命，防止损坏。为此，一般周转材料的管理多采取租赁制，对施工项目实行费用承包，对班组实行实物损耗承包。一般是建立租赁站，统一管理周转材料，规定租赁标准及租用手续，制定承包办法。

项目费用承包是指项目经理在上级核定的费用额度内，组织周转材料的使用，实行节约有奖、超耗受罚的办法。

实物损耗承包是对施工班组考核回收率和损耗率，实行节约有奖、超耗受罚。在实行班组实物损耗承包过程中，要明确施工方法及用料要求，合理确定每次周转损耗率，抓好班组领、退料的数量，及时进行结算和奖罚兑现。对工期较短、用量较少的项目，可对班组实行费用承包，在核定费用水平后，由班组向租赁部门办理租用、退租和结算，实行盈亏自负。

以上承包办法，都应建立周转材料核算台账，记录项目租用周转材料的数量、使用时间、费用支出及班组实物损耗承包的结算情况。

4. 项目施工中构配件的管理

构配件是指能够事先预制，然后送到现场安装的各种成品、半成品，主要包括混凝土构件、金属构件、木制构件等。其特点是品种、规格、型号多，配套性强，用量大，价值高，不易搬动，存放场地要求严格等。对各种构配件的管理主要抓以下几个环节：

1）掌握生产计划及分层、分段用量配套表，落实加工计划，及时向供应部门提供实际需要情况，搞好与施工的衔接。

2）做好构配件进场准备，避免二次搬运。

3）组织好进场构配件的验收与保管，按照加工单及分层配套表核对，各类构配件严格按照规定堆放，防止差错和损坏。

4）监督构件合理使用，防止串用、乱用、错用。

5）对剩余构件，特别是通用构件，要制表上报，并妥善保管。

8.3.5 项目施工中节约材料的途径

在项目施工中，节约材料的途径主要有：

1）用A、B、C分类法（主要材料和大宗材料称为A类材料，特殊材料和零星材料称为B类和C类材料），找出材料管理的重点。

2）学习存储理论，用以指导节约库存费用。由于长期以来，材料供应始终处在卖方市场状态下，采购人员往往不注意存储问题，使得材料使用与采购脱节，材料存储与资金管理脱节，按计划供应和实际供应脱节，供应量与使用时间脱节等。研究和应用存储理论对于科学采购、节约仓库面积、加速资金周转等都具有重要意义。研究存储理论的重点是如何确定经济存储量、经济采购量、安全存储量、订购点等，实际上就是存储优化问题。

3）不但要研究材料节约的技术措施，更重要的是研究材料节约的组织措施。组织措施比技术措施见效快、效果大。因此要特别重视施工规划（施工组织设计）对材料节约技术组织措施的设计，特别重视月度技术组织措施计划的编制和贯彻。

4）重视价值分析理论在材料管理中的应用。价值分析的目的是以尽可能少的费用支出，可靠地实现必要的功能。由于材料成本降低的潜力最大，故研究价值分析理论在材料管理中起着重要的作用。价值分析的基本公式是：价值 = 功能/成本。为了既提高价值又降低成本，可以有三个途径：第一是功能不变，成本降低；第二是在功能不受很大影响前提下，大大降低成本；第三是既降低成本，又提高功能，如使用大模板做到以钢代木、代架、代操作平台。

5）正确选择降低成本的对象。价值分析的对象，应是价值低的、降低成本潜力大的对象。这也是降低材料成本应选择的对象，应着力“攻关”。

6）改进设计，研究材料代用。按价值分析理论，提高价值的最有效途径是改进设计和使用代用材料，它比改进工艺的效果要大得多。因此应大力进行科学研究，开发新技术，以改进设计，寻找代用材料，使材料成本大幅度降低。

试一试

8.3-1 施工项目材料管理的目的是__________，__________。__________是材料管理的首要环节，与材料供应市场关系极大。

8.3-2 施工项目所需的主要材料和大宗材料（A类材料）应由______________采购，按计划供应给项目经理部；施工项目所需的特殊材料和零星材料（B类和C类材料）应按承包人授权由______________采购。

8.3-3 材料计划按其内容和作用分为以下四种：①__________；②__________；③________；④________。

8.3-4 ____________的特点是价值高、用量大、使用期长，其价值随着周转使用逐步转移到产品成本中的材料。

8.3-5 限额领料制，一般有以下三种做法：①______________________________；②____________________________；③分层、分段限额领料。

8.3-6 项目施工中节约材料的途径：用A、B、C分类法；________________；不但要研究材料节约的技术措施，更重要的是研究材料节约的组织措施，________________；________________；________________。

8.3-7 项目费用承包是指____的办法。

8.3-8 下列材料属于主材的有______。

A. 水泥　　B. 模板　　C. 安全网　　D. 管材

8.4 施工项目机械设备管理

知识点导入

一个建设项目的建成需要借助机械设备将合格的材料加工成各种成品、半成品，随着我国工程建设水平的不断提升，各建设工程施工过程中机械化水平不断提高，对机械设备的管理越来越显示出其重要的一方面。

8.4.1 施工项目机械设备管理概述

用机械来代替手工劳动，达到了节省人力、减轻劳动强度、提高劳动效率、克服公害、降低材料消耗和施工成本等目的。机械设备的管理包括对设备进行综合管理，科学地选好、用好、管好、养护好、维修好机械设备，在机械设备使用期内保持设备的完好，不断改善企业技术装备的性能，提高机械设备的利用率和生产效率。

8.4.2 施工项目机械设备管理应符合的要求

1）项目所需机械设备可从企业自有机械设备中调配、租赁或购买，提供给项目经理部使用。远离公司本部的项目经理部，可由企业法定代表人授权，就地解决机械设备来源问题。

2）项目经理部应编制机械设备使用计划并报企业审批。对进场的机械设备必须进行安装验收，并做到资料齐全准确。进入现场的机械设备在使用中应做好维护和管理。

3）项目经理部应采取技术、经济、组织、合同措施保证施工机械设备的合理使用，提高施工机械设备的使用效率，用养结合，降低项目的机械使用成本。

4）机械设备操作人员应持证上岗，实行岗位责任制，严格按照操作规范作业，搞好班组核算，加强考核和激励。

8.4.3 施工项目机械设备管理的内容

1）制定机械使用的最佳方案。应根据具体工程的自然条件、气候、地质、工程量、工程特点来制定出机械使用的最佳方案。

2）选用先进的施工机械。一般应采用较先进的施工机械进行施工，因为先进的机械性能稳定、耗能少、效率高。应淘汰或逐步淘汰落后、耗能大、效率低的机械设备。

3）设立专门研究机构。专门对大规模工程和特殊工程的施工机械化进行调查研究，并与有关部门配合，对建筑机械化发展中可能出现的各种问题进行研究。

4）简化施工工艺，合并工序，变单机作业为联合机械作业。

5）广泛采用新技术，推广高效能的建筑机械，并在生产管理上可采用无线电控制的电子计算机调度系统，会大大提高施工机械化水平。

8.4.4 施工项目机械设备管理应注意的内容

1）人机固定，实行机械使用、保养责任制，将机械设备的使用效益与个人经济利益联系起来。

2）实行操作证制度。机械的专门操作人员必须经过培训和统一考试，确认合格，领取操作证。

3）操作人员必须坚持搞好机械设备的例行保养。

4）遵守磨合期使用规定。这样可以防止机件早期磨损，延长使用寿命和修理周期。

5）实行单机或机组核算，根据考核的成绩实行奖惩。

6）建立设备档案制度。这样能了解设备的情况，便于使用与维修。

7）合理组织机械设备施工。必须加强维修管理，提高机械设备的完好率和单机效率，并合理地组织机械的调配，搞好施工的计划工作。

8）培养机务队伍。应采取办训练班、进行岗位练兵等形式，有计划、有步骤地做好操作人员的培养和提高工作。

9）搞好机械设备的综合利用。机械设备的综合利用是指现场的施工机械尽量做到一机多用。尤其是垂直运输机械，必须综合利用，使其效率充分发挥。

10）要努力组织好机械设备的流水施工。当施工的推进主要靠机械而不是人力的时候，划分施工段的大小必须考虑机械的服务能力，把机段作为分段的决定因素。要使机械连续作业，必要时使机械三班作业。一个施工项目有多个单位工程时，应使机械在单位工程之间流水作业，减少进出场时间和装卸费用。

11）机械设备安全作业。项目经理部在机械作业前应向操作人员进行安全操作交底，项目经理部不得要求操作人员违章作业，也不得强令机械带病操作，更不得指挥和允许操作人员野蛮施工。

12）为机械设备的施工创造良好条件。现场环境、施工平面图布置应适合机械作业要求，交通道路畅通无障碍，夜间施工应安排好照明。

8.4.5 机械设备的维修保养应注意的问题

1. 机械设备的磨损

1）磨合磨损。即初期磨损，包括制造或大修中的磨合磨损和使用初期的磨合磨损。此时应执行磨合期的规定，降低初期磨损，延长机械使用寿命。

2）正常工作磨损。这一阶段磨损较少，在较长时间内基本处于稳定的均匀磨损状态。后期，条件逐渐变坏，磨损逐渐增加，进入事故性磨损。

3）事故性磨损。此时，由于零件配合的间隙扩展而负荷加大，磨损激增，可能很快磨损。如果磨损程度超过了极限不及时修理，就会引起事故性损坏，造成修理困难和经济损失。

2. 机械设备的保养

机械设备保养的目的是为了保持机械设备的良好状态，提高设备运转的可靠性和安全性，减少零件的磨损，延长使用寿命，降低消耗，提高机械施工的经济效益。保养分为例行保养和强制保养。保养周期根据各类机械设备的磨损规律、作业条件、操作维护水平及经济性四个主要因素确定。

3. 机械设备的修理

机械设备的修理是对机械设备的自然损耗进行修复，排除机械运行的故障，对损坏的零部件进行更换、修复。机械设备的修理可分为大修、中修和零星小修。项目经理部应根据机械设备的使用情况，选择适当的方式对机械设备进行维修、保养，提高其使用效率，为项目施工服务。

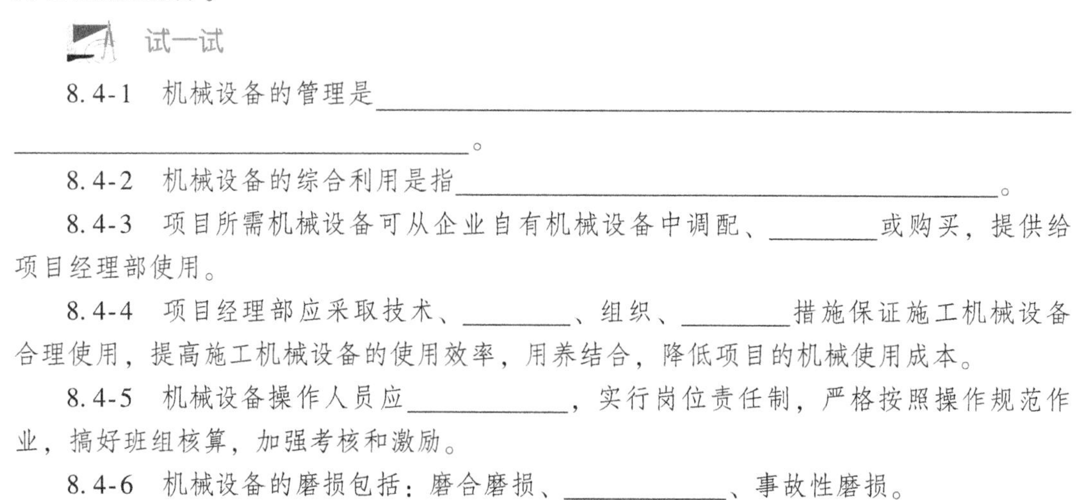

试一试

8.4-1 机械设备的管理是____。

8.4-2 机械设备的综合利用是指____。

8.4-3 项目所需机械设备可从企业自有机械设备中调配、________或购买，提供给项目经理部使用。

8.4-4 项目经理部应采取技术、________、组织、________措施保证施工机械设备合理使用，提高施工机械设备的使用效率，用养结合，降低项目的机械使用成本。

8.4-5 机械设备操作人员应____________，实行岗位责任制，严格按照操作规范作业，搞好班组核算，加强考核和激励。

8.4-6 机械设备的磨损包括：磨合磨损、____________、事故性磨损。

8.4-7　机械设备保养的目的是____。

8.4-8　保养周期根据各类机械设备的磨损规律、____________、操作维护水平及____________四个主要因素确定。

8.4-9　________________是对机械设备的自然损耗进行修复，排除机械运行的故障，对损坏的零部件进行更换、修复。

8.5　施工项目资金管理

知识点导入

资金是企业的血液，施工企业应加强企业资金的管理，尤其要通过财务管理信息化来提高资金的使用效率，解决资金管理中突出的问题。

8.5.1　施工项目资金管理概述

面对竞争激烈的建筑市场，施工企业只有降低项目成本，才能使企业具有竞争力、具有更大的利润空间。因此，有效的项目资金管理，对于施工企业的生存与发展，极其重要。

施工项目资金管理就是通过对资金的预测和对比及项目奖金计划等方法，不断地进行分析对比、计划调整和考核，以达到降低成本的目的。

8.5.2　项目资金管理的要求

1）项目资金管理应保证收入、节约支出、防范风险和提高经济效益。

2）承包人应在财务部门设立项目专用账号进行项目资金的收支预测，统一对外收支与结算。项目经理部负责项目资金的使用管理。

3）项目经理部应编制年、季、月资金收支计划，上报企业主管部门审批后实施。

4）项目经理部应按企业授权配合企业财务部门及时进行资金计收。资金计收应符合下列要求：

① 新开工项目按工程施工合同收取预付款或开办费。

② 根据月度统计报表编制工程进度款结算单，在规定日期内报监理工程师审批、结算。如发包人不能按期支付工程进度款且超过合同支付的最后限额，项目经理部应向发包人出具付款违约通知书，并按银行的同期贷款利率计息。

③ 根据工程变更记录和证明发包人违约的材料，及时计算索赔金额，列入工程进度款结算单。

④ 发包人委托代购的工程设备或材料，必须签订代购合同，收取设备订货预付款或代购款。

⑤ 工程材料价差应按规定计算，发包人应及时确认，并与进度款一起收取。

⑥ 工期奖、质量奖、措施奖、不可预见费及索赔款应根据施工合同规定与工程进度

款同时收取。

⑦ 工程尾款应根据发包人认可的工程结算金额及时回收。

5）项目经理部应按企业下达的用款计划控制资金使用，以收定支，节约开支；应按会计制度规定设立财务台账记录资金支出情况，加强财务核算，及时盘点盈亏。

6）项目经理部应坚持做好项目的资金分析，进行计划收支与实际收支对比，找出差异，分析原因，改进资金管理。项目竣工后，结合成本核算与分析进行资金收支情况和经济效益总体分析，上报企业财务主管部门备案。企业应根据项目的资金管理效果对项目经理部进行奖惩。

8.5.3 项目资金管理的内容

1. 做好项目资金的事前预测和预控

承接项目之前，可采取风险预测技术，对工程项目进行可行性风险评估，将风险降到最低程度。利用价值工程，分析工程的功能要求，在保证工程质量和工期的前提下，提出各种施工方案，并从技术和经济上进行对比评价，做到“开工前期量化指标下达，施工过程心中有数”。

2. 做好项目资金的事中控制

无论工程进展到何种程度，管理及施工人员均应根据事前的目标成本，做好事中成本控制。建立完整的资金管理系统，所有收支按单位工程单独列账，逐月分析各分部分项资金计划的执行结果，查明资金节约和超支的原因及其影响因素，寻求进一步减少资金支出的途径和方法，并编写出资金分析报告和盈亏预测报告，以便公司领导和项目经理随时掌握项目的成本情况，采取有力措施，防止工程竣工时成本超支。

即工程成本形成过程中的控制，做到“施工前有指标下达，施工过程中不断调整”，切实控制住成本。

3. 做好项目资金的事后控制

事后控制，即“事后清算，以做后效”，做好成本考核和成本分析。工程竣工后，一般会有大量成本费用尚未归集到资金账中（如分包、劳务费、租赁费、加工订货的结算未及时敲定直接影响工程成本的归集），这就要确定各项费用的结算目标，及时确定该工程的总成本，为与建设单位做经济结算奠定基础。根据工程成本结果评价项目成本管理工作的得失，写出完整总结报告，为成本管理各环节提供必要的资料，落实奖罚制度。

8.5.4 资金管理中应综合考虑质量、工期与成本的关系

在整个工程施工的过程中，都要正确处理好质量、工期与成本的关系，努力提高资金使用效率，降低财务成本和管理成本。

质量成本又可以分为预防成本、鉴定成本、内部故障成本和外部故障成本。质量预防成本措施费用与不合格品的数量成反比例关系，应该可以找到一个最佳点，使质量成本费用降至最低。

质量控制以预防为主，适当增加质量预防费的支出，可以提高工程质量，杜绝事故的发生，其支出远小于因质量事故造成的损失，即可以获得很大的“隐性”效益。同样，正确处理工期与成本的关系，寻找最佳工期点成本，把工期成本控制在最低点，在特殊施工条件下，应比较保证工期所支付措施费与因工期延误造成的损失，孰轻孰重，反复权衡。这对于土建工程尤为重要。由于行业的特殊性，甲方往往在工程开工伊始，就单方面要求缩短工期。在此情况下应分清类别区别对待，应该首先做好沟通，据理力争保证合理工期及效益；对于关注度很高的重点工程，应做好抢工成本预测及过程控制，在尽量完成任务的同时兼顾市场与效益。

工程竣工决算通过后，应按合同规定，及时收回工程款，不能听任业主无故拖欠工程尾款，对追收欠款有显著成绩的人员应予以奖励。同时要精简机构，压缩科室冗员及附属单位人员，采取措施提高劳动效率，使在岗人员一专多能。

 小知识

深圳市金宝城大厦

深圳市金宝城大厦，建筑面积6万m^2，两栋28层的塔楼，裙楼五层，两层地下室，工程总造价控制在1.2亿元以下，不能不说是一个成功控制投资的范例。在投资控制中，造价人员召集专家进行研讨评议及周密计算后，改变了地基处理方式，调整了地下室楼板厚度，优化了给水系统，这样不仅提高了功能，还节约了几百万元的资金。但是，作为造价管理人员也并不是一味追求降低造价，而要以价值工程的原理对项目的功能和成本认真地分析，提高产品价值。如该工程在对上部标准层的处理上，楼板原设计为180mm，经反复核算后，承载力有富余，如果做一些调整，可节约上千立方米钢筋混凝土，但考虑住宅的发展趋势，加厚的楼板可使住户根据个人喜好，做多种户型的组合，与业主商议后，没进行调整。而这种新型的结构空间，在销售过程中反映极好，提高了销售效益。

8.5.5　加强施工项目中资金管理的对策

建筑施工企业加强施工项目中的资金管理提高经济效益，就必须切实按项目法施工，认真开展项目的成本核算，真正使企业的项目部成为成本控制中心。只有这样，才能提高建筑企业管理的整体水平。

1. 加强材料的管理，降低材料的消耗

材料及机械设备应统一实行公开招标和阳光采购，从源头上控制材料采购价格。项目部要建立严格的材料验收入库制度，仓库管理员和采购员要“验质、验量、验品种、验发票”。要严格按照预算中确定的材料消耗定额实行限额发料，物资保管人根据限额领料单进行发料，领料必须严格手续，以明确责任。同时动员施工人员做好余料的回收工作，减少材料浪费和流失。

2. 加强人工费管理，降低人工消耗

在清包队伍的选择和管理环节上加强控制，努力降低人工费的消耗，这也是降低工程成本的主要措施之一。

清包队伍的选择是人工管理的首要环节，其生产素质的高低与人工单价的高低，影响整个工程质量与成本。故选择一支具有高性价比的清包队伍是降低人工成本的第一步。其次是要根据设计图样、工程预算、施工组织设计、人工消耗定额和人工市场单位签订责任明确的用工合同。在施工过程中，严格按照合同进行管理和监督控制。同时，还应严格控制零星用工数量，把这部分无收入的成本性开支降到最低点。

3. 加强周转材料的控制，降低周转材料的租赁费及消耗

周转材料除采取材料管理措施外，因其可周转使用的特殊性，决定了在管理上与其他材料的管理方式有所不同。周转材料要进行严格数量与规格的验收，因租金是按时间支付的，对租用的周转材料特别要注重其进场的时间。应与施工队伍签订明确的损耗率和周转次数的责任合同，在使用过程中，应严格控制损耗，同时加快周转材料的使用次数，并且在使用完成之后，应及时退还周转材料，以达到降低周转材料成本的目的。

4. 加强成本控制，降低纠错成本

在项目执行过程中，将实际完成情况与目标计划进行比较，发现问题并及时找出原因予以纠正，建立起项目完整的资料库，以防止因人员变动造成经济资料的缺损，从而影响项目的经济效益。同时还应不断地对实际成本进行分析，并与目标成本进行对比，找出与目标成本差异原因，采取必要的措施，确保成本目标计划的完成。

总之，要在施工过程中，将工程成本得到有效的管理和控制，须依据成本管理的条件、内容及采用与之相适应的成本控制方法，按成本控制的程序做好施工项目的成本预测、计划、实施、核算、分析、考核及整理文件资料和编制成本报告工作，才能真正有效地控制好成本，赢得利润的最大化，达到企业预期目标，为企业争取更多的发展空间，不断提高企业在市场上的竞争力。

试一试

8.5-1 施工项目资金管理就是____。

8.5-2 项目经理部应按企业下达的用款计划控制资金使用，以收定支，节约开支；应按会计制度规定设立________________记录资金支出情况，加强财务核算，及时盘点盈亏。

8.5-3 项目资金管理的内容：做好事前预测、预控，做到“开工前期量化指标下达，施工过程心中有数”；做好____________________，做到“施工前有指标下达，施工过程中不断调整”，切实控制住成本；事后控制，“事后清算，以做后效”，做好成本考核和成本分析。

8.5-4 资金管理中应综合考虑________、________与成本的关系。

8.5-5 质量成本又可以分为预防成本、________、内部故障成本和________。

8.5-6 加强施工项目中资金管理的对策：加强材料的管理，降低材料的消耗；加强人工费管理，降低人工消耗，________________________________，努力降低周转材料的租赁费及消耗，也是降低工程成本的措施之一。

8.5-7 加强成本控制的关键是________________________________，降低实际成本使

之回到成本目标计划的轨道上来。

8.5-8　投资的计划值和实际值是相对的，相对于工程预算而言，______是投资的计划值。

A. 合同价　　B. 工程概算　　C. 工程决算　　D. 施工预算

案例分析

1. 背景

思科公司的人力资源管理战略——人才是人力资源的核心。何为人才，可能每个企业的人力资源部门会有不同的定义。那么，作为企业的人力资源部门，应该如何将企业的人才战略与自身的人力资源工作有效地结合起来，共同促进企业的进步和发展，想必这应该是人力资源工作中的重中之重！

在接受《IT时代周刊》记者采访时，思科（中国）的人力资源总监自豪地提及：“去年下半年，思科公司曾在全球做过员工对公司整体感觉以及对主管满意度的调查。中国公司的满意度为75分以上。”那么，实情是否如此？记者随机对思科的一名普通员工进行了采访，该员工表示自己将会考虑出国读书。但令记者意外的是，他表示毕业后仍会回到思科工作，不像其他人，只是把出国读书作为另攀高枝的桥梁。

在这个充满了机遇和挑战的年代，思科是如何留住属下这些聪明、活跃而“不安分”的人才，从而在短短18年中创造出曾经市值全球第一的公司？

尽管各个企业在导致人才流失过程中，有综合的多方面的因素，但是不可否认，薪酬在其中起着微妙的作用。对此，思科（中国）的人力资源总监认为，薪酬只是保留因素，而非激励因素，并明确表示：“思科的薪酬水准只是在业界的前1/4。所以，它具有一定的竞争力，但并非思科最大的优势。”

在设置薪酬时，思科会进行全面市场调查，确定员工的底薪不是业界最高的。这样，既不会造成企业运营成本过高，也不会因低于行业标准而影响员工的积极性。思科希望员工的收入能够与其业绩更多地挂钩。思科的薪酬设置大约分为3部分。

在思科人力资源的管理理念中，从不将某个员工当重点培养。思科认为，“每个人是潜在的经理”。由于公司雇用的人都是在其所处领域位于前10%的出色人才，更多时候，他们与其说是和同事竞争，不如说是与自己比赛。如果认为哪个员工优秀的话，就会派他到海外做短期培训，或调到海外工作。是否真的优秀，很快就能试出来。在这种氛围的影响下，每个员工都非常努力，因为只要愿意去做，思科会给你很多机会。

事实上，当员工最终选择留在一家公司时，高薪和升迁都不会是终极目标。因为只要有能力，到哪里都可以独当一面。因此，员工最终离去的基本原因是归属感。尽管思科是一家纯粹的美国企业，但是对于全球的分公司来说，其员工却感受不到与美国总部员工的任何待遇差别。

人才是指企业人力资源中优秀的部分，是指那些具有专业知识与技能，能够创造性地发挥才干与专长，为企业的发展做出突出贡献的人。

2. 问题

作为企业的人力资源部门，它必须经常考虑下面三个问题：

(1) 所需的各种劳动力应该达到什么样的能力和水平？进一步说，在开发和动员企业所需的劳动力去实现企业既定的战略方面，企业应该做些什么呢？

(2) 企业能够负担使用劳动力所花的各种耗费吗？企业有能力从物质上去满足员工，并吸引和维持可观的劳动力资源吗？

(3) 企业怎样组织员工精诚合作，为总体目标服务？已经取得的人才如何最大限度地发挥其聪明才智？

3. 分析

管理层次可以划分为战略层、管理层和作业层。战略层负责制定企业总体目标和政策，有效地确定企业在环境中的地位。管理层负责确保资源有效，并根据战略计划的要求加以分配。在战略计划中，每项经营业务都是明确的，企业要根据各项业务资金、信息、人力资源等方面的要求，综合平衡，保证资源供给。作业层负责组织的日常管理工作。在管理计划的指导下，作业活动可以较为理想地实行。

企业的人才战略，主要包括人才的开发、培训和使用三方面的内容。它们之间是相互关联的，不能截然分开。例如，培训本身也是人才开发的基本方法之一，人才的使用过程，也是岗位培训的过程，这三者完全是有机结合在一起的。人才战略的制定和实施，就是采用一定的手段和方法，确定和表现由上述几方面内容构成的中长期总体规划，为企业的战略目标服务。企业人才战略所要解决的，不是个别岗位和层次上的人才选用，或渴望变化带来的人员安排使用问题，其基本着眼点是根据本企业中长期发展目标，从总体上规划人才队伍的发展目标，制定相应的实施方案与措施，有计划地逐步加以贯彻和实施。

人力资源不仅是企业的一项重要资源，也是一种特殊的资源，这种资源利用得好坏有两方面的影响因素：其一，资源本身质量的好坏，即人才的素质好坏是决定企业经营好坏的重要因素，这和原材料、设备等资源一样，有着同样的特点。其二，光有好的人才还不行，还必须有一系列的外在因素，即有助于人才充分的发挥其才能的机制和环境，这是其不同于一般资源的特殊性。对于人力资源，这两方面的因素必须同时具备，才能形成有效的人力资源的投入。正是由于这种特殊性，企业应该更加重视人才战略，不仅要重视人才的战略，更应该重视人才才能的发挥。前者，企业应该加强人才开发和培训；后者，企业应该加强人才的使用和管理。

实训练习题

1. 施工项目资源中________是第一要素。

A. 劳动力　　B. 材料　　C. 设备　　D. 科学技术

2. 在施工项目的全过程中，从招标签约、施工准备、施工实施、施工验收、用户服务等五个阶段中，项目资源管理主要体现在________。

A. 招标签约　　B. 施工准备　　C. 施工实施　　D. 施工验收

3. 关于项目资源管理，下列说法正确的是________。

A. 项目资源管理与企业管理中的资源管理是同一概念

B. 确定资源的分配计划是项目资源管理的工作之一

C. 项目的资源管理是针对企业的生产或经营所涉及的资源的管理

D. 项目的资源管理主要是指人力资源的管理

4. 建筑材料、半成品、构配件、施工设备、施工设施属于项目资源中的________。

A. 物资资源　　B. 人力资源　　C. 财力资源　　D. 供应资源

5. 一个项目的施工资源应包含________。

A. 项目业主将投入到项目的所有资源

B. 项目施工单位将投入到项目的所有资源

C. 项目参与单位将投入到项目的所有资源

D. 参与和配合该项目施工的所有单位将投入的资源

6. 在编制资源进度计划时，应将重点放在________上。

A. 主导资源　　B. 人力资源　　C. 附属资源　　D. 大宗资源

7. 施工项目资源管理的目的是通过施工资源的________，为项目目标的实现提供资源保证。

A. 合理选择　　B. 合理使用　　C. 合理配置　　D. 合理计划

8. 在编制施工进度计划时，如果合理地考虑________，将有利于提高施工质量、降低施工成本。

A. 施工资源的运用　　B. 施工工期的长短

C. 施工队伍的素质　　D. 施工资金的安排

9. 关于项目管理班子人员的获取，下列说法不正确的是________。

A. 可以通过对项目承担组织内的成员进行重新分配

B. 可以通过招标来获取特定的人员

C. 必须在组织内部安排人员

D. 可以通过外部招聘的方式获得项目管理人员

10. 在进行项目的团队建设时，对项目管理班子的要求是________。

A. 严格管理项目管理班子的成员，以提高项目管理人员的积极性和工作效率

B. 建立项目管理班子成员之间沟通和解决冲突的渠道，创立良好的人际关系和工作氛围

C. 通过招聘、签订服务合同等方式获得项目管理班子的人员

D. 建立项目组织结构，优化项目管理班子

11. 关于项目人力资源管理，正确的说法是________。

A. 人力资源管理的工作步骤中包括通过解聘减少员工

B. 人力资源管理不包括员工的绩效考评

C. 人力资源管理的主要特点是管理对象广泛

D. 人力资源管理的目的是减少人才流动

12. 项目人力资源管理的目的是调动所有项目干系人的积极性，在项目承担组织的内部和外部建立有效的工作机制，以实现________。

A. 质量目标　　B. 工期目标　　C. 进度目标　　D. 项目目标

13. 投资的计划值和实际值是相对的，相对于工程预算而言，________是投资的计划值。

A. 合同价　　B. 工程概算　　C. 工程决算　　D. 施工预算

14. 为实现项目目标，项目人力资源管理的目的是________。

A. 减少项目实施中的技术风险

B. 降低项目的人力成本

C. 建立广泛的人际关系

D. 调动所有项目参与人的积极性并建立有效的工作机制

15. 根据项目对人力资源的需求，建立项目组织结构是________的任务之一。

A. 团队建设　　B. 管理项目管理班子成员

C. 项目管理班子人员的获取　　D. 编制组织和人力资源规划

16. 组织和人力资源规划是________的过程。

A. 对项目承担组织内的成员进行重新分配

B. 明确项目管理班子成员职责

C. 识别、确定和分派项目角色、职责和报告关系

D. 进行团队建设、提高人员积极性

17. 团队建设的任务之一是________。

A. 明确每个团队成员的职责和权限

B. 形成合适的团队机制，提高工作效率

C. 通过招标、签订服务合同等方式获取项目团队的特定人员

D. 选择合适的获取人员的政策和方法

单元小结

本单元主要介绍施工项目各种资源的管理。首先介绍了施工项目资源的概念，项目资源管理的目的、作用、地位、主要原则、主要内容和现状；然后介绍了施工项目人力资源管理，包括施工项目人力资源管理的概念、项目人力资源管理应符合的要求；人力资源的配置依据和方法有哪些，施工项目人力资源的管理应符合哪些要求，施工项目人力资源如何进行组织，在施工前后应如何对人力资源进行培训。其后介绍了施工项目材料管理，包括施工项目材料管理的概念、目的、管理要求、主要内容、管理的方法，以及项目施工中节约材料的途径。之后介绍了施工项目机械设备管理，包括施工项目机械设备管理概述、要求、内容、应注意的问题，以及机械设备的维修保养应注意哪些方面的问题。最后介绍施工项目资金管理，包括施工项目资金管理概述、要求、内容，以及资金管理中应综合考虑质量、工期与成本的关系，加强施工项目中资金管理的对策。

单元9

施工项目收尾管理

知识储备

为便于本单元内容的学习与理解，需要建筑工程质量验收、建筑工程计价、工程识图与制图等相关专业知识的支持。

9.1 建筑工程施工项目收尾管理概述

知识点导入

前面我们学习了建筑工程施工项目合同管理、进度管理、质量管理、成本管理、资源管理以及职业健康安全与环境管理，但对于一个建筑工程施工项目是否可以投入使用，对于项目管理班子各责任人是否可以终止为完成本项目所承担的义务和责任，并获得相应的利益，还差最后一个收尾阶段。

9.1.1 建筑工程施工项目收尾管理的重要性

当建筑工程施工项目的所有活动均已完成，或者虽然未完成，但由于某种原因而必须停止并结束时，项目管理班子应当做好项目收尾工作。

项目收尾阶段的工作对于项目各参与方来讲都是非常重要的，各方面的利益在这一阶段常常存在着较大的冲突，特别是在费用结算方面。因此，在质量验收、费用的结算、项目交接等过程中，项目管理班子应进行系统的整理，提供翔实、有充分效力的依据，保证自身的利益。但对于项目管理班子来说，项目接近完成时，因大量的施工任务已经完成，往往注意力会转移到新的项目上去，有些成员也要调离，甚至主要力量都会转移到新的工程项目上去。这种流动性在建筑施工企业是很正常的。而项目收尾工作常常是零碎、烦琐的，并且又费时费力，容易被人忽略。因此，项目收尾工作的重要性应当特别强调，否则会给项目以及自身带来不利影响。

9.1.2 建筑工程施工项目收尾工作的主要内容

一般项目收尾工作主要包括范围核实、合同收尾和行政收尾、总结评价等子项。

1. 范围核实

范围核实又叫移交和验收，也有的称为范围确认。项目结束时，项目班子要把已经完成项目的可交付成果交给该项目的使用者或其他有权接收的方面，如发起者、项目业主或项目使用者。而在正式移交之前，接收方面要对已经完成的工作成果或项目活动成果重新进行审查，核查项目合同规定范围内的各项工作或活动是否已经完成，可交付成果是否令人满意。如果项目提前结束，则应查明有哪些工作已经完成，完成到了什么程度，并将核查结果记录在案，形成文件。

项目范围核实完成后，参加项目范围核实的项目班子和接收方面人员应在事先准备好的文件上签字，表示接受核实结果，如业主或发起者已经正式认可并验收项目全部或阶段性成果。一般情况下，这种认可和验收可以附有条件。

在建设项目实际操作中，项目范围核实的工作主要表现为项目的竣工验收和项目的交接工作，以及项目竣工结算和项目清算工作。对于业主来说，一般还要办理竣工决算。

2. 合同收尾

合同收尾就是了结合同并结清账目，包括解决所有尚未了结的事项。有些项目，合同收尾的具体手续可在合同条款和条件中加以规定。合同提前终止是一种特殊的合同收尾。在合同收尾之前要整理好合同文件，合同文件至少应包括合同本身及全部有关的合同组成文件。例如，经过批准的合同变更文件、经过批准的施工组织和施工工艺技术文件、经过签认的中间交工验收文件、收款记录和单据等财务文件，以及所有与合同有关的检查结果等。

合同收尾结束时，项目班子应整理出一套完整的合同记录，连同项目记录一起存档。

3. 行政收尾

项目达到目的或因故中途终止时，必须做好行政收尾工作。项目管理班子的行政收尾工作主要有两个方面，一是编制、收集和散发有关信息、资料和文件，正式宣布项目的结束；二是项目组织的解体、转移，以及物资、设备、机具等的转移、处理。项目班子首先应检查项目成果并将检查结果形成文件，以便由发包人、业主或用户正式验收项目结果。在行政收尾时，项目班子应当负责在有关方面的协助下对所有的项目记录进行系统的整理，将完整的项目记录交有关方面存档。项目管理班子要对各种收尾工作所必需的资料进行系统的检查和分析，并对其进行归纳，写出简单扼要的材料。

在收尾阶段，项目组织或解体分散，或转移安排，需要做好善后工作；项目的剩余物资、财务账目和资金，需要盘整或清点；项目的设备、机具，需要转场和保养，这些工作都需切实认真地做好。

4. 总结评价

在做行政收尾时，项目管理班子还应当找出项目和项目管理的成功和失败之处，研究本项目使用过的哪些方法和技术值得推广到其他项目上去，并考虑为了继续研究因受本项目的启迪而提出的各种方法和技术，还需要进行哪些活动，即对项目和项目管理进行总结评价。

小知识

“梯子”故事引发的感悟

最近看到一则故事，在青岛啤酒集团某车间的一个角落，因工作需要放着一把梯子。用时就将梯子支上，不用时就移到旁边。为防止梯子倒下砸伤人，工作人员特意在梯子上写了一个小条幅：“请留神梯子，注意安全”。这件事谁也未放在心上，几年过去了，也未发生梯子砸人的事件。前一段时间，外方来谈合作事项，来到梯子前驻足良久，外方一位熟悉汉语的专家提议，将条幅改为“不用时请将梯子放倒”。

这个“梯子”的故事给我们带来的感悟：都是九个字，其含义却有本质的不同，都在讲安全，但前者仅仅是提醒注意，而后者却是完全排除了潜在的危险。每个故事都是由许多事故隐患“孕育”衍生而来，要消除事故，就要着力排查、消除所有事故隐患，就要坚决铲除滋生事故的所有大小隐患土壤，从而实现安全管理的终极目标——本质安全。

试一试

9.1-1　建筑工程施工项目管理全过程的最后阶段称为________________阶段。

9.1-2　一般项目收尾工作主要包括____________、____________、____________和总结评价等子项组成。

9.1-3　项目收尾有建设项目的____________________________和依据合同结构形成的____________________________之分。

9.1-4　不管本施工项目的实际收尾工作是在何阶段进行的，都需要参加建设单位主持的________________的收尾工作。

9.2　建筑工程施工项目竣工验收

知识点导入

建筑工程施工项目完成后，项目部要整理竣工材料、编制竣工图、做好竣工自验等工作，然后向委托方提出对所承包的项目进行正式竣工验收申请。

9.2.1　建筑工程施工项目竣工验收的概念

建筑工程施工项目竣工验收，是承包人按照建设工程施工合同的约定，完成设计文件和施工图规定的工程内容，经业主组织验收后办理的工程交接手续。施工项目竣工验收是发包人和承包人的交易行为。交工的主体是承包人，验收的主体是发包人即甲方。

验收一般有三种形式：中间验收、单项工程验收和全面竣工验收。中间验收是依据菲迪克（FIDIC）合同条款第37、38条的规定对全部项目中的隐蔽工程或需要中间验收的部分所进行的验收工作，如建筑工程地基的地下管线的验收。单项工程验收是指对大型工程项目中，某一单项工程完成后需要独立运转开始发挥投资效益的验收工作。全面竣工验收则是指整个项目的完成验收。

9.2.2 建筑工程施工项目竣工验收和建设项目竣工验收的区别

建筑项目竣工验收是指建设单位（项目业主）在建设项目按批准的设计文件所规定的内容全部建成后，向使用单位（国有资金建设的工程向国家）交工，接受使用单位（国家）验收的过程。建筑工程施工项目竣工验收是建设项目竣工验收的一个组成部分。

两个概念的比较，见表9-1。

表9-1 两种竣工验收的区别

验收类别	验收对象	验收时间	验收主要单位	验收参加单位	验收目的	两者关系
施工项目竣工验收	单项工程	单项工程完工后	建设单位（业主）	建设单位（业主）、设计单位、施工单位	交工	初步验收
建设项目竣工验收	项目总体	项目全部完工后	项目主管部门或国家	验收委员会、建设单位	移交固定资产	动用验收

9.2.3 建筑施工项目竣工验收的条件和要求

建筑施工项目的承包人必须按照与委托方签订的合同竣工日期或监理工程师同意顺延的工期竣工。因承包人原因不能按照合同约定的竣工日期或监理工程师同意顺延的工期竣工，承包人要承担违约责任。一般在合同里发包方会规定有承包人不能按期竣工时的相应罚则，而且是按天计算，每延误一天，罚款多少。所以，项目经理部必须保证项目能如期竣工。

施工过程中发包人如需提前竣工，经双方协商一致后应签订提前竣工协议，作为合同文件的组成部分。提前竣工协议应包括承包人为保证工程质量和安全采取的措施，发包人为提前竣工提供的条件以及提前竣工所需的追加合同价款等内容。

建设单位收到建设工程竣工报告后，应当组织设计、施工、工程监理等有关单位进行竣工验收。

承包商向委托方提出对所承包的建筑施工项目进行竣工验收时，应当具备下列条件。

1）完成建设工程设计和合同约定的各项内容。

2）有完整的技术档案和施工管理资料。

3）有工程使用的主要建筑材料、建筑构配件和设备的进场试验报告。

4）有勘察、设计、施工、工程监理等单位分别签署的质量合格文件。

5）有施工单位签署的质量保修证书。

建设工程经验收合格的，方可交付使用。

9.2.4 竣工验收的相关规定

建设工程施工合同示范文本对竣工验收做了如下规定。

1）工程具备竣工验收条件，承包人按国家工程竣工验收有关规定，向发包人提供完整竣工资料及竣工验收报告。双方约定由承包人提供竣工图的，应当在专用条款内约定提供的日期和份数。

2）发包人收到竣工验收报告后28天内组织有关单位验收，并在验收后14天内给予认可或提出修改意见。承包人按要求修改，并承担由自身原因造成修改的费用。

3）发包人收到承包人送交的竣工验收报告后28天内不组织验收，或验收后14天内不提出修改意见，视为竣工验收报告已被认可。

4）工程竣工验收通过，承包人送交竣工验收报告的日期为实际竣工日期。工程按发包人要求修改后通过竣工验收的，实际竣工日期为承包人修改后提请发包人验收的日期。

5）发包人收到承包人竣工验收报告后28天内不组织验收，从第29天起承担工程保管及一切意外责任。

6）中间交工工程的范围和竣工时间，双方在专用条款内约定，其验收程序按上述1）～4）条办理。

7）因特殊原因，发包人要求部分单位工程或工程部位甩项竣工的，双方另行签订甩项竣工协议，明确双方责任和工程价款支付方法。

8）工程未经竣工验收或验收未通过的，发包人不得使用。发包人强行使用的，由此发生的质量问题及其他问题，由发包人承担责任。

9.2.5 竣工验收程序

建筑工程施工项目的竣工验收一般分两个步骤进行：一是由建筑施工单位（承包商）先行自验；二是正式验收，即由建设单位（业主、发包方）主持进行的检查验收。

1. 竣工自验（或竣工预验）

1）自验的标准应与正式验收一样。

2）参加自验的人员，应由项目经理组织项目管理相关人员共同参加。有时可以在整个企业内组织相关人员对项目进行预验收。

3）自验的方式，是在工作分工负责的基础上，项目各部门或人员对自己所承担完成的工作进行自查。在自查的基础上，进行项目整体的检查验收，并对查出的问题全部修补完成以后，进入正式验收。

这一阶段，项目经理应有意识地听取工程监理人员的评价和意见，以及设计方的评价和意见。对于指出的问题，应主动加以改进，这会有助于竣工验收工作的顺利进行。

2. 正式验收

在自验的基础上，确认工程全部符合竣工验收标准，具备了交付使用的条件后，即可开始正式竣工验收工作。

1）发出《竣工验收通知书》。

2）配合建设单位按竣工验收程序组织的竣工验收工作。

3）签发《竣工验收证明书》并办理工程移交。

4）协助进行工程质量评定。

5）办理工程档案资料移交。

6）办理工程移交手续。

小知识

竣工仪式

竣工仪式的流程

1. 邀请函的发放：提前半个月向社会各界代表及宾客发出邀请函（函中对要致贺词的宾客作邀请）。

2. 签到。

3. 庆典开始：

1）主持人宣布庆典活动开始。

2）工作人员点燃礼炮制造喜庆气氛。

3）礼炮燃放完毕，全体出席人员起立，奏国歌、升国旗。

4）宣布出席的社会各界代表及宾客名单。

5）致贺词。

4. 剪彩。

5. 揭碑。

6. 参观。

7. 庆典庆功宴。

8. 庆典活动总结。

9.2.6 建筑工程施工项目竣工验收的主要工作

项目竣工验收虽然是由项目业主（即发包方）来组织进行的，但为使项目能够顺利通过发包方的竣工验收，建筑施工企业和项目经理部需要配合发包方的工作，并完成好自己应做的工作，迎接发包方的检查验收。在竣工验收阶段，项目经理部应着重做好以下几方面的工作。

1. 施工项目的收尾工作

1）建筑施工项目进入收尾期，项目经理就应开始组织有关人员逐层、逐段、逐部位、逐房间地进行查项，检查施工中有无丢项、漏项。一旦发现，必须立即确定专人定期解决，并在事后按期进行检查。需要注意的是，项目收尾期并不是在项目全部工作都已完成之后才开始。如果等到全部工作都已完毕之后才开始项目收尾工作，势必会影响项目竣工验收的进行。

2）对已完成的成品进行封闭和保护。已经全部完成的部位或查项后修补完成的部位，要立即组织清理，保护好成品。依可能和需要，可以按房间或层段锁门封闭，严禁无关人员进入（包括组织内部的人员），防止损坏成品或丢失零配件。尤其是高标准、高级装修的建筑工程（如高级宾馆、饭店等），每一个房间的装修和设备安装一旦作业完毕，就要立即严加封闭，乃至派专人加以看管。而且整个作业过程都应是如此，不仅仅是全部作业完成后才进行封闭保护。

3）有计划地拆除施工现场的各种临时设施和暂设工程，拆除各种临时管线，清扫施工现场，组织清运垃圾和杂物。

4）有步骤地组织材料、机具以及各种物资的回收、退库，以及向其他施工现场转移和进行处理等项工作。

5）做好电气线路和各种管线的交工前检查，进行电气工程的全负荷试验。

6）有生产工艺设备的工程项目，要进行设备的单体试车、无负荷联动试车和有负荷联动试车。

2. 各项竣工验收准备工作

1）组织项目技术人员完成竣工图，清理和准备需向委托方移交的工程档案资料，并编制工程档案资料移交清单。

2）组织项目财务人员编制竣工结算表。

3）准备工程竣工通知书、工程竣工报告、工程竣工验收证明书、工程保修证书等必需文件。

4）组织好工程自验工作。一般情况下，还需报请所属企业，由企业组织相关部门和人员对项目进行竣工验收检查。对检查出的问题，要及时进行处理和修补。对是否进行企业方面的检查，视项目管理的需要和企业项目管理组织结构及关系的要求而定，并无明确的制度上或程序性的规定。不过进行这方面的检查，有利于项目的竣工验收，避免陷入被动。

5）准备好工程质量评定所需的各项资料。主要是按结构性能、使用功能、外观效果等方面，对工程的地基基础、结构、装修以及水、暖、电、卫、设备安装等各个施工阶段所有质量检查的验收资料，进行系统的整理。包括：各分项工程质量检验评定、各分部工程质量检验评定、单位工程质量检验评定、隐蔽工程验收记录、生产工艺设备调试及运转记录、吊装及试压记录以及工程质量事故发生情况和处理结果等方面的资料。这些资料为有关方面正式评定工程质量提供资料和依据，也为技术档案资料移交归档做准备。

3. 工程档案

工程档案是建设项目的永久性技术文件，是建设单位生产（使用）、维修、改造、扩建的重要依据，也是对建设项目进行复查的依据。在施工项目竣工后，项目经理部必须按规定向发包方（业主）移交档案资料。档案资料不全的，承包方必须补齐。如果档案资料缺失，承包方有可能受到经济上的制裁。如有的工程上，业主就收取档案保证金。因此，项目经理部自合同签订后，就应派专人负责收集、整理和管理这些档案资料，不得丢失。

4. 竣工图

竣工图是真实地记录建筑工程情况的重要技术资料，是建筑工程进行交工验收、维护修理、改建扩建的主要依据。它是工程使用单位要长期保存的技术档案，也是国家的重要技术档案内容，要在国家档案部门存档。因此，竣工图必须做到准确、完整、真实，必须符合长期保存的归档要求。

竣工图一般要由施工方来完成，另有约定的除外。但是，当项目进行过程中变更较大和较多时，业主一般会委托原设计单位重新绘制施工图交予施工方。这时，施工方的主要责任是保管好图样和做好工程记录。

1）对竣工图的主要要求分以下4种情况：

① 在施工过程中未发生设计变更，按图施工的建筑工程，可在原施工图样（需是新图）上注明“竣工图”标志，即可作为竣工图使用。

② 在施工中虽然有一般性的设计变更，但没有较大的结构性或重要管线等方面的设计变更，而且可以在原施工图样上修改或补充，也可以不再绘制新图样，由施工单位在原施工图样（需是新图）上，清楚地注明修改后的实际情况，并附以设计变更通知书、设计变更记录及施工说明，然后注明“竣工图”标志，也可作为竣工图使用。

③ 建筑工程的结构形式、标高、施工工艺、平面布置等有重大变更，原施工图不再适用，应重新绘制新图样，注明“竣工图”标志。新绘制的竣工图，必须真实反映出变更后的工程情况。如果有设计方变更后的设计图样，可以用此图样替换原来的施工图，作为竣工图。

④ 改建或扩建的工程，如果涉及原有建筑工程并使原有工程的某些部分发生工程变更者，应把与原工程有关的竣工图资料加以整理，并在原工程图档案的竣工图上填补变更情况和必要的说明。

2）除上述4种情况之外，竣工图必须做到以下3点：

① 竣工图必须与竣工工程的实际情况完全符合。

② 竣工图必须保证绘制质量，做到规格统一，字迹清晰，符合技术档案的各种要求。

③ 竣工图必须经过项目主要负责人审核、签认。

试一试

9.2-1 竣工验收一般有三种形式：________、________、________。

9.2-2 施工过程中发包人如需提前竣工，经双方协商一致后应签订____________，作为合同文件的组成部分。

9.2-3 建设单位收到建设工程竣工报告后，应当组织____________、____________、____________等有关单位进行竣工验收。

9.2-4 工程竣工验收通过，________________________的日期为实际竣工日期。工程按发包人要求修改后通过竣工验收的，实际竣工日期为________________________的日期。

9.2-5 建筑工程施工项目的竣工验收一般分两个步骤进行：一是由建筑施工单位（承包商）先行____________；二是由建设单位（业主、发包方）主持进行的____________。

9.2-6 在竣工验收阶段，项目经理部应着重做好以下方面的工作________________、________________、________________、________________。

9.2-7 竣工图是真实地记录建筑工程情况的重要技术资料，是建筑工程进行________________、________________、________________的主要依据。

9.2-8 发包人收到竣工验收报告后____________天内组织有关单位验收，并在验收后14天内给予认可或提出修改意见。

A. 14 B. 15 C. 28 D. 30

9.3　建筑工程施工项目竣工结算

知识点导入

2010年南水北调工程开工项目40项，单年开工项目数创工程建设以来最高纪录；完成投资379亿元，相当于开工前8年完成投资总和，创工程开工以来的新高。据悉，2010年，南水北调加大初步设计审查审批力度，共组织批复41个设计单元工程，累计完成136个，占155个设计单元工程总数的88%；批复投资规模1 100亿元，超过开工以来前8年批复投资总额，累计批复2 137亿元，占科研总投资2 289亿（不含东线治污地方批复项目）的93%，单年批复投资规模创开工以来新高。截至2010年年底，南水北调全部155项设计单元工程中，基本建成33项，占21%；在建79项，占51%。

9.3.1　建筑工程施工项目竣工结算的概念

竣工结算是承包人在所承包的工程按照合同规定的内容全部完工，并通过竣工验收之后，与发包人进行的最终工程价款的结算。这是建设工程施工合同双方为最终确定施工项目价款所开展的工作。

它与竣工决算是两个不同的概念，也是两项不同的工作。竣工决算是反映建设项目实际造价和投资效果的文件。建设项目竣工决算包括从筹建到竣工投产全过程的全部实际支出费用，由竣工决算报表、竣工决算报告说明书、竣工工程平面示意图、工程造价比较分析四部分组成。竣工决算是由建设单位负责完成的一项重要工作。

1. 编制项目竣工结算依据的资料

1）合同文件。

2）竣工图和工程变更文件。

3）有关技术核准资料和材料代用核准资料。

4）工程计价文件、工程量清单、收费标准及有关调价规定。

5）双方确认的有关签证和工程索赔资料。

2. 编制竣工结算应遵循的原则

1）以单位工程或合同约定的专业项目为基础，应对原报价单的主要内容进行检查和核对。

2）发现有漏算、多算、错算的，应及时进行调整。

3）多个单位工程构成的施工项目，应将各单位工程竣工结算书汇总，编制单项工程竣工综合结算书。

4）多个单项工程构成的建设项目，应将各单项工程综合结算书汇总，编制成建设项目总结算书，并撰写编制说明。

5）工程竣工结算后，承包人应将工程竣工结算报告及完整的结算资料纳入工程竣工资料，及时归档保存。

9.3.2 建筑工程施工项目竣工结算的办理

1）工程竣工验收报告经发包人认可后28天内，承包人向发包人递交竣工结算报告及完整的结算资料，双方按照协议书约定的合同价款及专用条款约定的合同价款调整内容，进行工程竣工结算。

2）发包人收到承包人递交的竣工结算报告及结算资料后28天内进行核实，给予确认或提出修改意见。发包人确认竣工结算报告后通知经办银行向承包人支付工程竣工结算价款。承包人收到竣工价款后14天内将竣工工程交付发包人。

3）发包人收到竣工结算报告及结算资料后28天内无正当理由不支付工程竣工结算价款，从第29天起按承包人同期向银行贷款利率支付拖欠工程价款的利息，并承担违约责任。

4）发包人收到竣工结算报告及结算资料后28天内不支付工程竣工结算价款，承包人可以催告发包人支付结算价款。发包人在收到竣工结算报告及结算资料后56天内仍不支付的，承包人可以与发包人协议将该工程折价转让，也可以由承包人申请人民法院将该工程依法拍卖，承包人是该工程折价或者拍卖价款的优先受偿者。

5）工程竣工验收报告经发包人认可后28天内，承包人未向发包人递交竣工结算报告及完整的结算资料，造成工程竣工结算不能正常进行或工程竣工结算价款不能及时支付，发包人要求交付工程的，承包人应当交付；发包人不要求交付工程的，承包人承担保管责任。

6）发包人、承包人对工程竣工结算价款发生争议时，可以和解或者要求有关主管部门调解。如不愿和解、调解或者和解、调解不成的，双方可以选择以下一种方式解决争议。

① 双方达成仲裁协议的，向约定的仲裁委员会申请仲裁。

② 向有管辖权的人民法院起诉。作为承包人的建筑施工企业，在申请仲裁或起诉阶段里，有责任保护好已完工程。

试一试

9.3-1 竣工结算是承包人在所承包的工程按照____________规定的内容全部完工，并通过____________之后，与发包人进行的最终工程价款的结算。

9.3-2 多个单位工程构成的施工项目，应将各单位工程竣工结算书汇总，编制________工程竣工综合结算书。

9.3-3 多个单项工程构成的建设项目，应将各单项工程综合结算书汇总，编制成建设项目____________书，并撰写编制说明。

9.3-4 发包人收到承包人递交的竣工结算报告及结算资料后________天内进行核实，给予确认或提出修改意见。发包人确认竣工结算报告后通知经办银行向承包人支付工程竣工结算价款。承包人收到竣工价款后________天内将竣工工程交付发包人。

A. 15、30　　B. 14、28　　C. 28、14　　D. 30、15

9.4　建筑工程施工项目回访保修

知识点导入

建筑工程施工项目竣工、结算后，表明项目结束了，这时施工单位是否对该项目就没有责任了呢？根据建筑规范及合同等要求，施工单位有责任和义务对所承建项目进行回访保修。

9.4.1　建筑工程施工项目的回访

1. 回访的概念及意义

回访是建筑施工企业在项目投入使用后的一定期限内，对项目建设单位或用户进行访问，以了解项目的使用情况、施工质量和设施设备运行状态，以及用户对维修方面的要求。

回访是落实保修制度和保修方责任的一项重要措施。通过回访，根据用户的意见，可以在保修期内使发现的问题及时得到保修处理。特别是建筑施工企业的流动性质，更需要通过有效的回访措施，履行好保修责任。在保修期内，建筑施工单位对项目业主（或用户）进行回访时必须认真，必须要解决问题，并应做出回访记录，必要时应写出回访纪要。不能把回访当成形式，该发现的问题没发现，可能意味着在保修期的其他时间又需要十万火急地派人、派物去进行紧急修理。

2. 回访的主要内容

建筑施工单位对项目业主（或用户）进行回访的主要内容如下：

1）听取用户对项目的使用情况和意见。

2）查询或调查现场因自身的原因造成的问题。

3）进行原因分析和确认。

4）商讨进行返修的事项。

5）填写回访记录。

3. 回访的方式

回访的方式一般有以下几种：

1）电话回访、会议座谈，以及半年或一年的例行回访。

2）季节性回访。大多数是在雨季回访屋面、墙面的防水情况，在冬季回访锅炉房及采暖系统的情况。这时较容易发现建筑工程的一些质量通病。

3）技术性回访。主要是了解在工程施工过程中所采用的新材料、新技术、新工艺、新设备等的技术性能和使用后的效果。

4）保修期结束前的回访。这种回访一般是在保修即将期满之前进行的。既可以解决出现的问题，又标志着保修期即将结束，促使用户注意项目的使用和维护。

5）对特殊工程进行专访。

9.4.2 建筑工程施工项目的保修

1. 建设工程质量保修制度

根据《建设工程质量管理条例》规定，建设工程实行质量保修制度。建设工程承包单位在向建设单位提交工程竣工验收报告时，应当向建设单位出具质量保修书。质量保修书中应当明确建设工程的保修范围、保修期限和保修责任等。在正常使用条件下，建设工程的最低保修期限如下。

1）基础设施工程、房屋建筑的地基基础工程和主体结构工程，为设计文件规定的合理使用年限。

2）屋面防水工程、有防水要求的卫生间、房间和外端面的防渗漏为5年。

3）供热和供冷系统，为2个采暖期、供冷期。

4）电气管线、给排水管道、设备安装和装修工程，为两年。

5）其他项目的保修期限由发包方与承包方约定。

建设工程的保修期，自竣工验收合格之日起计算。建设工程在保修范围和保修期限内发生质量问题的，施工单位应当履行保修义务，并对造成的损失承担赔偿责任。

2. 质量保修的实施

承包人应按法律、行政法规或国家关于工程质量保修的有关规定，对交付发包人使用的工程在质量保修期内承担质量保修责任。质量保修工作的实施，一般包括以下三个步骤。

1）签订质量保修书。承包人应在工程竣工验收之前，与发包人签订质量保修书，作为建设工程施工合同的附件。质量保修书的主要内容包括：质量保修项目内容及范围、质量保修期、质量保修责任、质量保修金的支付方法。

2）检查和修理。在保修期内，业主或用户发现项目出现质量问题而影响使用时，可以用口头或书面方式通知承包人或该建筑施工单位的有关保修部门，说明情况，要求派人前往检查修理。承包人或该建筑施工单位的有关保修部门必须尽快地派人前往检查，并会同业主（或用户）及监理方（保修项目实行监理时）共同做出鉴定，需要修理时，提出修理方案，并尽快地组织人力、物力进行修理。

建筑施工企业如果想要更好地履行保修责任，应该把保修责任同该项目的项目经理部分开，由专门的部门承担保修工作。若把已经转移到新的项目上去的项目经理部人员调回来应付保修事务，看起来责任分明，但显然会影响新项目管理工作的运行。

3）验收。在发生问题的部位或项目修理完毕以后，要在质量保修书的“保修记录”栏内做好记录，并经业主（或用户）和监理工程师验收签认，以表示修理工作完结。整个保修期内，每次保修工作都要按照以上两个步骤去做，直至保修期满。

3. 保修费用的处理

由于建筑工程情况比较复杂，在保修期内出现的一些问题往往是由于多种原因造成的。因此，进行保修时涉及的保修费用必须根据造成问题的原因和责任归属以及具体的返修内容，与业主及有关方面共同商定费用的处理办法，不能全部都由建筑施工单位负担保修期内的保修费用。

1）修理项目经检查验定的确属于建筑施工单位施工责任造成的，或遗留的隐患，则由建筑施工单位承担全部检修费用。如造成不可弥补的质量缺陷，或因施工责任造成用户损失的，建筑施工单位需承担相应的经济赔偿责任。

2）修理项目经检查验定属于建筑施工单位和建设单位（或其他责任方）双方（或多方）的责任共同造成的，双方（或多方）应实事求是地共同商定各自应承担的维修费用。

3）修理项目经检查验定属于非建筑施工单位的责任造成的，首先应由建设单位负担支付全部的保修费用，而后建设单位再向造成保修问题的实际责任方追索经济损失。如果是不可抗力原因造成的，只能是由建设单位自己负责处理。

4）涉外工程的保修问题，除按照上述办法进行保修费用处理外，还应依照原合同条款的有关规定执行。

小知识

三峡工程建设管理体制

为保证三峡工程的顺利实施，国务院于1993年1月3日成立了国务院三峡工程建设委员会，作为实施三峡工程建设的最高决策机构，直接领导三峡工程建设，国务院总理担任委员会主任。委员会下设办公室，具体负责三峡建委的有关日常工作；还设有三峡工程移民开发局，负责三峡工程移民工作规划、计划的制订和移民工程实施的监督；还设有监察局、质量检查专家组、稽查组等机构。1993年9月27日，国务院批准成立中国长江三峡工程开发总公司，作为三峡工程项目业主，全面负责三峡水利枢纽工程的建设和建成后的运行管理，负责建设资金（含移民工程所需资金）的筹措和偿还。

试一试

9.4-1　____________是落实保修制度和保修方责任的一项重要措施。

9.4-2　质量保修工作的实施，一般包括以下三个步骤：____________________、____________________、____________________。

9.4-3　质量保修书的主要内容包括：____________________、____________________、质量保修责任、质量保修金的支付方法。

9.4-4　建设工程的保修期，自________________________起计算。

A. 提交竣工验收报告时　　B. 竣工验收合格时　　C. 工程款结算清时

9.5　建筑工程施工项目管理考核评价

知识点导入

同学们，一个项目竣工以后，它是成功还是失败的，为社会和企业带来什么样的社会效益和经济效益，我们的项目管理者取得了哪些成功的经验，运用了什么先进的施工工艺、新材料等，需要对其进行考核、评价和总结。

9.5.1 项目考核评价

1. 项目考核评价的概念

项目考核评价是指对已完成的项目（或规划）的目的、执行过程、效益、作用和影响所进行的系统的、客观的分析。通过项目活动实践的检查总结，确定项目预期的目标是否达到，项目或规划是否合理有效，项目的主要效益指标是否实现；通过分析评价找出成功失败的原因，总结经验教训；通过及时有效的信息反馈，为未来新项目的决策和提高完善投资决策管理水平提出建议，同时也为考核评价项目实施运营中出现的问题提供改进意见，从而达到提高投资效益的目的。

2. 项目考核评价的内容

项目考核评价通常在项目竣工以后项目运作阶段或项目结束之前进行。它的内容包括：项目竣工验收、项目效益考核评价、项目管理考核评价。

1）项目竣工验收。项目的竣工验收是投资由建设转入生产、使用和运营的标志，是全面考核和检查项目实践工作是否符合设计要求和达到要求工程质量的环节，是项目业主、合同商向投资者汇报建设成果和交付新增固定资产的过程。在这阶段进行的工作将为以后开展的项目效益考核评价和项目管理考核评价提供基础。项目竣工验收分为以下几个方面：竣工验收、竣工决算、技术资料的整理和移交。

2）项目效益考核评价。项目效益考核评价是项目考核评价理论的重要组成部分。它以项目投产后实际取得的效益（经济、社会、环境等）及其隐含在其中的技术影响为基础，重新测算项目的各项经济数据，得到相关的投资效果指标，然后将它们与项目动工前预测的有关经济效果值、社会环境影响值进行对比，评价和分析其偏差情况以及原因，吸取经验教训，从而为提高项目的投资管理水平和投资决策服务。它具体包括以下几个方面：经济效益考核评价、环境效益和社会效益考核评价、项目可持续性考核评价、项目综合效益考核评价。

3）项目管理考核评价。项目管理考核评价是指以项目竣工验收和项目效益考核评价为基础，在结合其他相关资料的基础上，对项目整个生命周期中各阶段的管理工作进行评价。目的是通过对项目各阶段管理工作的实际情况进行分析研究，形成项目管理情况的总体概念。通过分析、比较和评价，能知道目前项目管理的水平。通过吸取经验和教训，来不断提高项目管理水平，以保证更好地完成以后的项目管理工作，促使项目预期目标很好地完成。项目管理考核评价包括：项目的过程考核评价、项目综合管理的考核评价、项目管理者的评价。

9.5.2 项目管理考核评价方法和程序

1. 项目管理考核评价的方法

项目管理考核评价的方法是项目管理考核评价质量水准的重要保障条件，需要根据具体的评价对象和内容选择科学合理的评价方法。项目管理评价的方法有定性的方法，也有定量的方法，如统计调查法、预测法、有无对比法等。下面主要介绍一种项目管理成功度的评价方法。

1）项目管理成功度评价的方法。成功度评价的方法是进行项目管理综合评价的主要方法。成功度评价是指根据评价专家的经验，综合项目评价设置的各项指标，对项目管理的成功程度做出定性的结论。成功度评价是以项目的管理目标和管理效益为核心所进行的全面系统的评价。

2）成功度的等级划分。项目管理评价的成功度可以分为5个等级。

① 完全成功的：项目管理的各项管理目标全部实现或超过，项目管理为企业取得巨大的经济效益。

② 成功的：项目管理的大部分管理目标已经实现，项目管理为企业实现的经济效益达到了预期的要求。

③ 部分成功的：项目管理实现了原定的部分管理目标，项目管理只为企业取得了一定的经济效益。

④ 不成功的：项目管理只实现了很少一部分的管理目标，项目管理几乎没有给企业带来效益。

⑤ 失败的：项目的管理目标无法实现，不能给企业带来效益，甚至导致企业在该项目上亏损。

3）成功度评价表。成功度评价表包括评价内容及其主要指标，见表9-2。

表9-2　成功度评价表

项目管理实施评价指标	相关重要性	成　功　度
项目适应性		
管理水平		
组织持续性		
人力资源培养		
预算成本控制		
成本—效果分析		
质量控制		
现场文明施工		
安全度		
技术创新度		
进度控制		
合同管理		
总成功度		

在具体运用时，可以根据具体的评价对象和评价内容设置合适的评价指标。由于所设指标往往不能完全依赖量化数据，所以对每项指标通常采用打分的方法来确定，经重要性加权、汇总得到总成功度的评价结论。

2. 项目管理考核评价的程序

项目管理考核评价的程序是：制订考核评价办法→建立考核评价组织→确定考核评价方案→实施考核评价工作→提出考核评价报告。主要步骤如下：

1）制订项目管理考核评价办法和计划。项目管理考核评价计划应在项目管理实施之前就确定下来，在项目管理实施过程中，既可指导实践，又可以按照评价的需要，注意收集、建立资料档案。

2）建立项目管理考核评价组织，选择评价的人员或机构。如果是自我评价或相互评价，那么参加评价的人员是比较明确的。如果是他人评价，则需注意评价成员的组成结构和工作关系。

3）确定项目管理考核评价方案，选定评价对象和评价内容。项目管理考核评价涉及的范围很广，根据计划进行评价时，必须明确本次评价的对象和内容。

4）实施项目管理考核评价工作。在进行考核评价之前，需要把考核评价的时间、安排及需要协助的事项、要求等通告给被考核评价者，要按照项目管理考核评价计划严格、公允地进行。

5）提出项目管理考核评价报告。项目管理考核评价报告是考核评价结果的汇总。报告文字应准确清晰，内容要全面、可靠。报告的分析要与出现的问题相对应，把经验教训和建议与未来的管理规划和决策联系起来。

9.5.3 编制项目管理总结

建筑施工项目完工后，必须进行总结分析，从而对建筑施工项目管理进行全面系统的技术评价和经济分析，以总结经验、吸取教训，不断提高建筑施工单位的技术和管理水平。对建筑施工项目管理进行总结，是项目管理评价的一种类型，是站在建筑施工项目的角度上，对项目的组织实施结果所做的分析、评价和总结，也被称为竣工总结，一般由项目经理部负责组织这一工作。建筑施工项目管理总结也是由业主主持的建设项目总结的一个组成部分。

建筑工程施工项目管理总结包括技术总结和经济总结两个方面。

1. 技术总结

技术总结的内容主要是：在施工中采用了哪些新工艺、新材料、新设备和新方法，并采用了哪些措施，还可以通过总结制订新的施工方法。技术总结侧重于技术创新和为企业带来的技术进步。

2. 经济总结

经济总结主要是从横向与纵向两个方面比较经济指标的提高与下降情况。其中纵向指企业本身的历史经济数据，横向指同类企业、同类项目的经济数据。经济总结侧重于建筑施工项目管理效绩评价。建筑施工项目管理的效绩评价，是对项目管理的最后结果（工程质量、效益、管理水平等）的结合评价。效绩评价的基本方法是经济评价法和专家评价法的综合运用。两种方法的综合运用，是把两者的评价结果化为得分并以此为评价尺度，对建筑施工项目管理的效绩进行整体估价。

3. 总结结论

建筑施工项目管理总结，应当得出以下结论：

1）合同完成情况。即是否完成了工程承包合同，以及内部承包合同责任承担的实际完成情况。

2）施工组织设计和管理目标的实现情况。

3）项目的质量状况。

4）工期对比状况及工期缩短（或延误）所产生的效益（或损失）。

5）项目的成本节约状况。

6）项目实施和项目管理过程中提供的经验和教训。

试一试

9.5-1　项目考核评价的内容包括：______________、______________和项目管理考核评价。

9.5-2　项目效益考核评价包括：______________、____________________和项目可持续性考核评价、项目综合效益考核评价等。

9.5-3　项目管理考核评价包括以下几个方面：__________考核评价、__________的考核评价、__________的评价。

9.5-4　项目管理考核评价的程序是：制定__________→建立__________→确定__________→实施__________→提出__________。

9.5-5　建筑工程施工项目管理总结包括__________总结和__________总结两个方面。

案例分析

1. 背景

某建筑公司承接了一项综合楼任务，并最终顺利完工。施工单位经过初验，认为工程按照设计和合同条款的要求达到了验收条件，向甲方提请做竣工验收。

2. 问题

（1）该综合楼达到什么条件后方可竣工验收？

（2）请简要说明工程竣工验收的程序。

（3）如果乙方向甲方送交了竣工验收报告，但由于甲方的原因，在收到乙方的竣工验收报告后，未能在约定日期内组织竣工验收，乙方送交的竣工报告是否应被认可？

（4）如果由于乙方原因未能在工程竣工验收报告经甲方认可后28天内将竣工结算报告及完整的结算资料报送甲方，造成工程结算不能正常进行及工程结算款不能及时支付的，责任在于哪方？如果甲方要求交付工程，乙方是否应当交付？

3. 分析

（1）竣工验收应当具备下列条件：

1）完成建设工程设计和合同约定的各项内容。

2）有完整的技术档案和施工管理资料。

3）有工程使用的主要建筑材料、建筑构配件和设备的进场试验报告。

4）有勘察、设计、施工、工程监理等单位分别签署的质量合格文件。

5）有承包商签署的工程保修书。

（2）工程竣工验收应当按以下程序进行：

1）完工后，施工单位向建设单位提交工程竣工报告，申请工程竣工验收。实行监理的工程，工程竣工报告须经总监理工程师签署意见。

2）建设单位收到工程竣工报告后，对符合竣工验收要求的工程，组织勘察、设计、施工、监理等单位和其他有关方面的专家组成验收组，制定验收方案。

3）建设单位应当在工程竣工验收5个工作日前将验收的时间、地点及验收组名单书面通知负责监督该工程的工程质量监督机构。

4）建设单位组织工程竣工验收。

① 建设、勘察、设计、施工、监理单位分别汇报工程合同履约情况和在工程建设各个环节执行法律、法规和工程建设强制性标准的情况。

② 审阅建设、勘察、设计、施工、监理单位的工程档案资料，实地查验工程质量。

③ 对工程勘察、设计、施工、设备安装质量和各管理环节等方面做出全面评价，形成经验收组人员签署的工程竣工验收意见。

④ 参与工程竣工验收的建设、勘察、设计、施工、监理等各方面不能形成一致意见时，应当协商提出解决的方法，待意见一致后，重新组织工程竣工验收。

（3）验收报告应被认可。甲方收到乙方送交的竣工验收报告后28天内不组织验收，或验收后14天内不提出修改意见，视为验收报告已被认可。同时，第29天起，甲方承担工程保管及一切意外责任。

（4）工程竣工结算不能正常进行或工程竣工结算价款不能及时支付的责任由乙方承担，如果甲方要求交付工程，乙方应当交付，甲方不要求交付工程，乙方仍应承担保管责任。

实训练习题

1. 背景

某装饰公司（施工单位）与某商场主管单位（建设单位）签订了商场装修改造合同，合同中明确了双方的责任。工程竣工后，施工单位提交了竣工报告，但建设单位因忙于“国庆”开业的准备工作，未及时组织竣工验收，即允许商家入住，商场如期开业。三个月后，建设单位发现装修存在质量问题，要求施工单位进行修理。施工单位认为工程未经竣工验收，建设单位提前使用，对于出现的质量问题，施工单位不再承担责任。

2. 问题

（1）工程未经验收，建设单位提前使用，可否视为工程已交付？工程实际竣工日期应为何时？

（2）因建设单位提前使用工程，施工单位就不承担保修责任的做法是否正确？施工单位的保修责任应如何履行？

单 元 小 结

本单元首先介绍了建筑工程施工项目收尾管理工作的重要性和收尾工作的主要内容，然后主要介绍项目竣工验收的概念、条件、要求和验收程序及竣工验收的主要工作。项目竣工验收是由项目业主（即发包方）来组织进行的，在验收前，项目经理部应着重做好项目的收尾工作、各项竣工验收的准备工作、整理好工程档案、绘制竣工图，并组织自检自验，在自验的基础上，确认工程全部符合竣工验收标准，具备了交付使用的条件后，即可开始正式竣工验收工作。竣工验收要严格按程序进行，先发出竣工验收通知书，配合建设单位按竣工验收程序组织的竣工验收工作，签发竣工验收证明书并办理工程移交，协助进行工程质量评定，最后办理工程档案资料移交、办理工程移交手续等。其次介绍了工程款的结算及相关规定、项目的回访制度和保修制度。最后介绍了项目管理考核评价的方法、内容、程序，以及从技术和经济两个方面对项目管理进行总结并得出结论。

参考文献

［1］项勇，王辉，卢立宇．工程项目管理［M］．2版．北京：机械工业出版社，2022.

［2］中国建设监理协会．建设工程进度控制［M］．4版．北京：中国建筑工业出版社，2015.

［3］建筑施工安全生产培训教材编写委员会．建筑施工安全生产技术［M］．北京：中国建筑工业出版社，2017.

［4］建筑施工安全生产培训教材编写委员会．建筑施工安全生产管理［M］．北京：中国建筑工业出版社，2017.

［5］关秀霞，高影．建筑工程项目管理［M］．2版．北京：清华大学出版社，2020.

［6］徐运明，邓宗国．建筑施工组织设计［M］．北京：北京大学出版社，2019.

［7］中华人民共和国住房和城乡建设部．绿色建筑评价标准：GB/T 50378—2019［S］．北京：中国建筑工业出版社，2019.

［8］郑少瑛．建筑施工组织［M］．北京：化学工业出版社，2015.

［9］蔡雪峰．建筑工程施工组织管理［M］．3版．北京：高等教育出版社，2015.

［10］王辉，魏国安，姚玉娟．建筑工程施工组织与项目管理［M］．北京：中国建筑工业出版社，2021.